カラー新書

# 世界一美しい人体の教科書

坂井建雄 Sakai Tatsuo



★——ちくまプリマー新書

297

写真　Science Photo Library, Visuals Unlimited, Science Source
写真提供　アマナイメージズ

編集協力　豊田恵子
イラスト　宇田川由美子

# 目次 * Contents

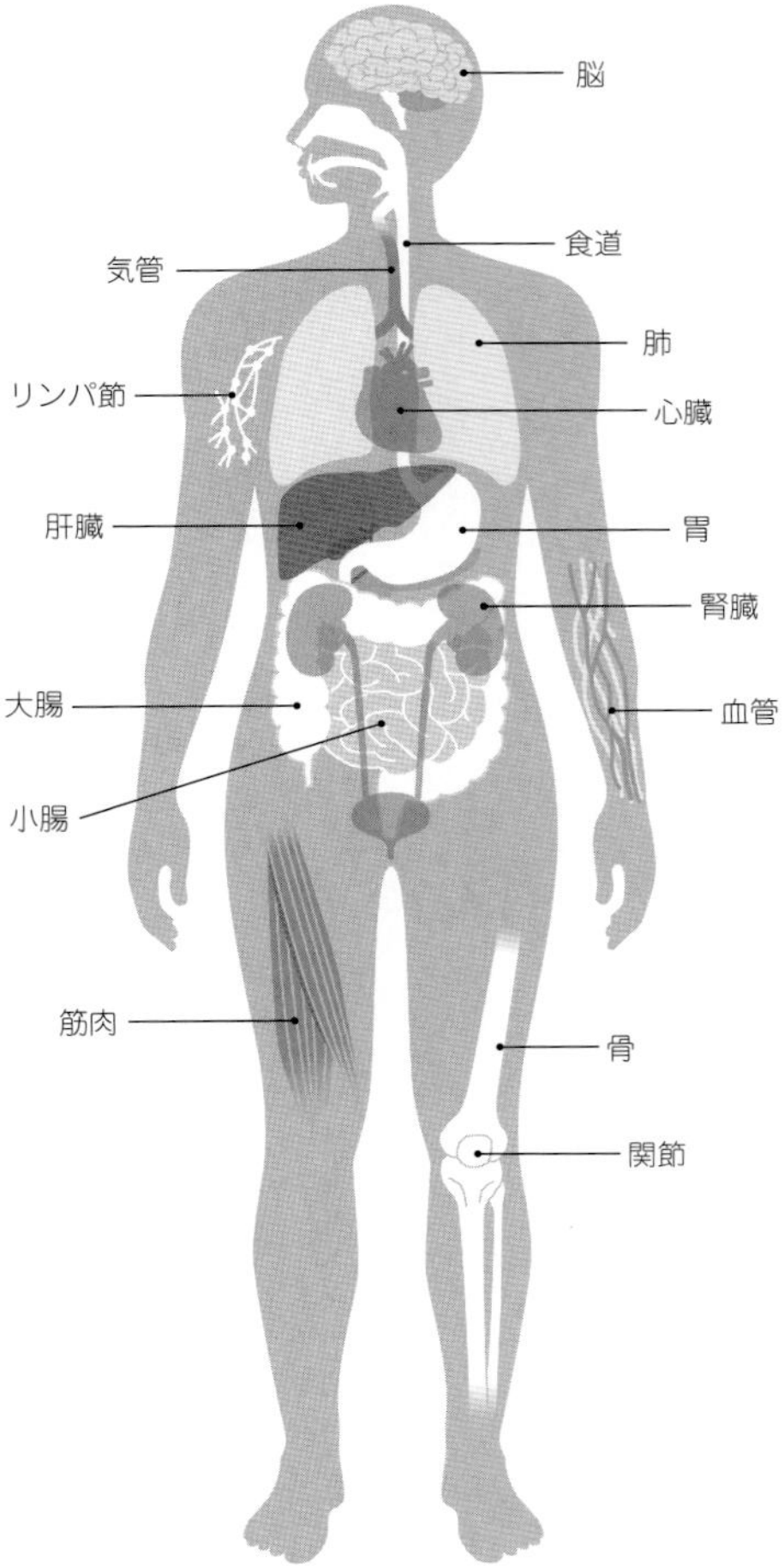

脳
食道
気管
肺
リンパ節
心臓
肝臓
胃
腎臓
大腸
血管
小腸
筋肉
骨
関節

# はじめに

皆さんは、自分の体のことをどれほどよく知っているでしょうか？

おそらく健康なときには気にすることもなく、体が働くのを当たり前と思っていることでしょう。ところが、体調を崩したり、どこかに痛みを感じて動かせなくなると、とたんに自分の体のことが気になり意識を向けるようになります。

自分の体が健康なのは当たり前のように思っていますが、それを成し遂げるために、体内ではいろいろな臓器や器官がきちんと役割を果たしているのです。

人間の体は、約三七兆個の細胞でできているといわれています。その細胞たちが集まって臓器や器官をつくり、大切な機能を営んでいます。体には脳や心臓や肝臓などなど、役割の異なるさまざまな臓器がありますが、臓器の内部をミクロに見ていくと、そこには目をみはるような美しい世界が広がっています。まるで宇宙を見ているような錯覚に陥り、人体が「小宇宙」と呼ばれていることに納得させられます。

そのミクロの世界からズームアウトしていくと、今度は生々しいマクロの世界が展開しています。ここでは、生命と健康を守るために、私たちが食べ過ぎたり飲み過ぎたり、無茶をしても正常な状態に戻そうとして、昼夜を問わず黙々と働いている臓器や器官の姿を見ることができます。

それぞれの臓器や器官の働きを知ると、事故や不調を起こさずに体が正常に機能していることのほうが、むしろ奇跡であることを思い知らされます。

人体は未だに謎が多く、神秘に満ちています。滑らかで無駄のない動きをつくり上げている骨と筋肉、生命を維持するために必要な物質を外界とやりとりしている内臓たち、不眠不休で拍動を続けている循環器、そしてこれらを絶妙な采配《さいはい》で統括している脳。体のどの器官を取り上げても驚くほど精緻《せいち》で、洗練された生命の営みを見出すことができます。

これほど見事なまでにつくり上げられているのが、私たち人間の体なのです。

皆さんがいま、この本を手にとって読んでいるときも、体の中ではいろいろな器官が働いています。まず、手にしてページをめくるために、腕や手の指の骨や筋肉が働いています。眼は、活字を読むために焦点を合わせ、文字を追うために筋肉が眼球をしきりに動かしています。もしも揺れる電車の中で読んでいるなら、体のバランスをとるために耳も働いていま す。そして、内容を理解するために脳がフル稼働しています。何も考えずに、ただ歩いているだけでも全身の器官を使っているのです。

このように、当たり前に行っている動作の一つ一つに、体のいろいろな器官がかかわっています。その体の部分にちょっと意識を向けて動かしたり、その部分に触って、体の働きを実際に感じてみてはいかがでしょう。

自分の体を知ることは、生命の神秘に触れることでもあります。一つ一つの臓器や器官の構造や役割がわかってくると、人体を支える精緻なメカニズムに感動するでしょう。自分がいかに大切で、かけがえのない存在であり、家族や友人たちも同じように尊い存在であることに気づくことでしょう。

それでは、神秘に満ちた小宇宙の旅に出かけることにしましょう。

＊なお、本書で使用している写真は、電子顕微鏡（走査型・透過型）、光学顕微鏡などで組織を撮影したもので、組織は染色や着色されており、実際の組織の色ではありません。

第1章

# 消化器

エネルギーを取り込む
長く曲りくねった道

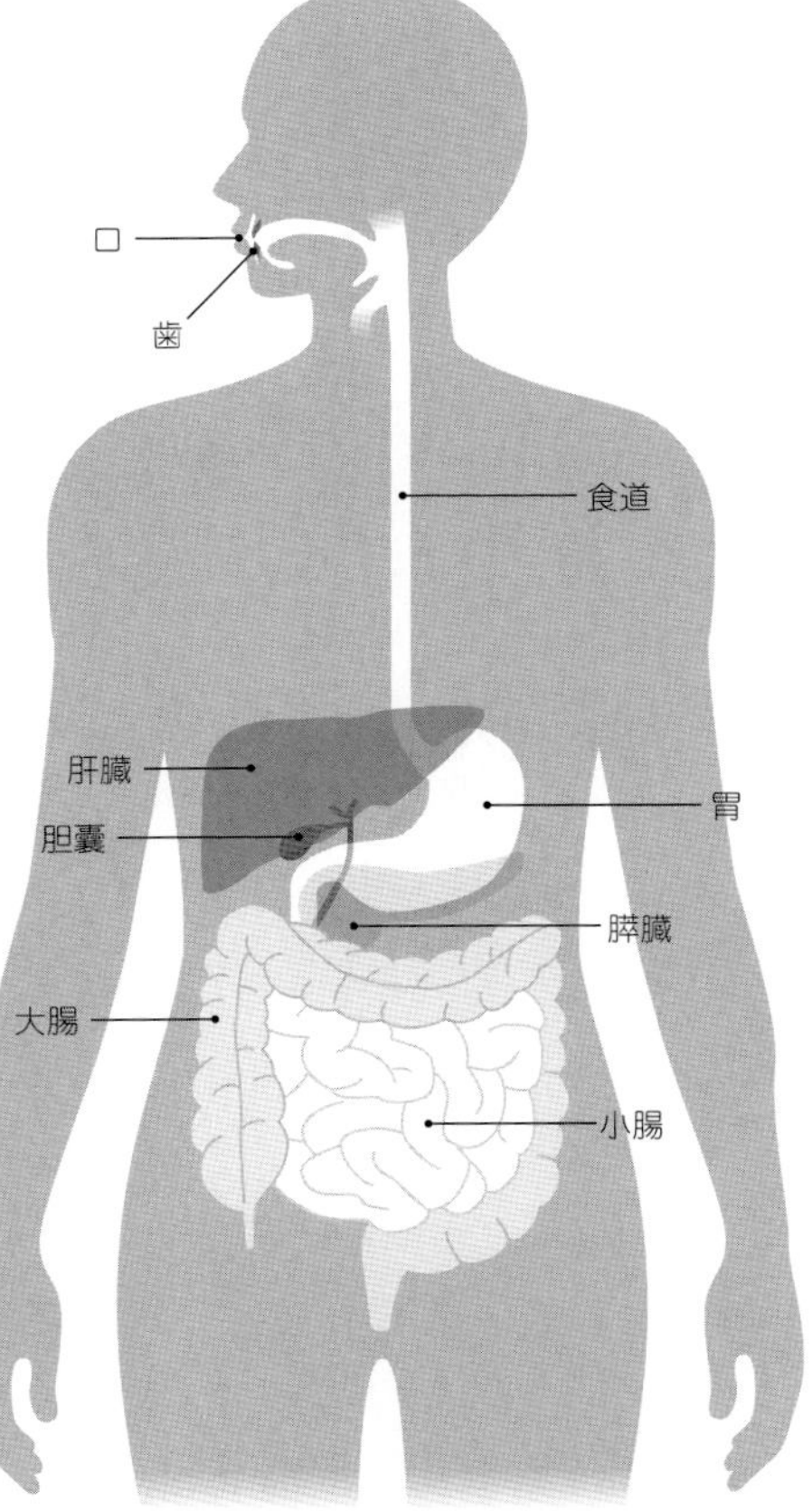

私たちは、食物から体に必要な栄養を摂取してエネルギーに変え、生命を維持しています。しかし食べたものをそのまま体内で利用できるわけではありません。炭水化物やタンパク質、脂肪などは構造が複雑で、分子が大きいので血液中に取り込むことができないのです。

そこで、体内で利用できるようにまず食物に含まれる栄養素を小さな分子の形に変えて、取り入れているのが消化器です。

消化器は、口から食道、胃、小腸、大腸、肛門《こうもん》まで約一〇メートル続く消化管といわれる一つの管と、これに関連する唾液腺《だえきせん》、肝臓や胆嚢《たんのう》、膵臓《すいぞう》で構成されています。

食物は口や胃で大まかに解体され、膵臓や小腸粘膜から分泌される消化酵素の助けを借りて小さな分子になり、小腸で吸収されます。吸収された栄養素は、肝臓に運ばれて化学処理され、体に必要な物質につくり変えられたら血液に乗せて全身の臓器に届けられます。

ほとんどの栄養素と水分の大部分は小腸で吸収されますが、消化しにくい残りのものは大腸に送られます。大腸ではさらに水分が吸収され、肛門に近づくにつれてだんだん固まり、最後は硬い便となります。

このようにして食物は消化・吸収されながら体内を移動し、食事をしてから二四―七二時間後には排泄《はいせつ》されます。

# 口 ― 食物を取り入れる消化のスタートライン

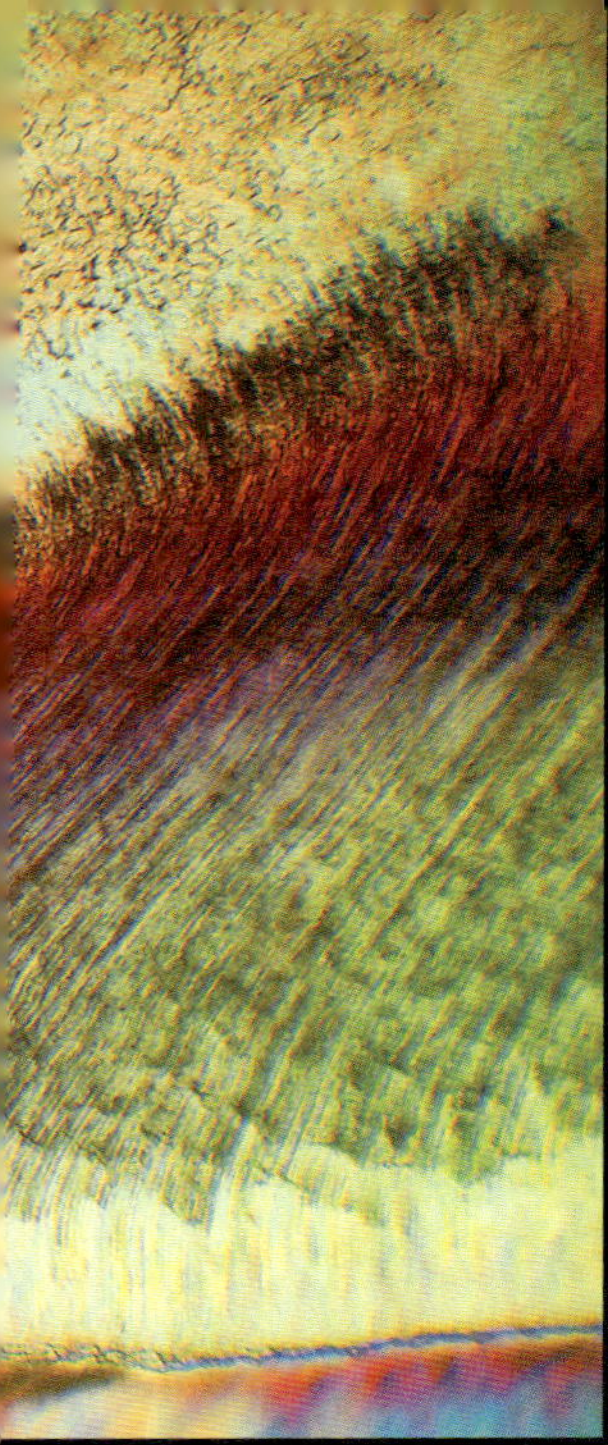

**◀歯のエナメル質と象牙質の断面**
歯は、いくつかの硬い素材が組み合わさってできています。歯の表面を覆っているのがエナメル質（下端と左端に見える）で、人体で最も硬く水晶くらいの硬度といわれています。その内がわには象牙質（細かい線が数多く並んでいる）があります。もう1つのセメント質（写真では見えない）は歯肉に埋まった部分を覆っています。中心には血管や神経が通っている歯髄（写真の右上から中央）があります。

**▼頬の粘膜から剝がれた上皮細胞**　頬の内がわの粘膜をこすると、魚の鱗のように見える平らな細胞（濃淡のピンク色）がこぼれ落ちてきます。これは口の中の表面を覆って保護している扁平上皮細胞です。上皮細胞とは、身体の外部と内部を分ける細胞のことで、身体の表面や体内の管の表面を覆っています。皮膚や口などの粘膜の細胞は、平らな形をしていて扁平上皮細胞といいます。これに対して、胃腸の粘膜や腎臓の尿細管などの細胞は背が高く円柱状や立方状で、また気管の粘膜の細胞は表面に細かな毛が生えているなど、別の形をしています。

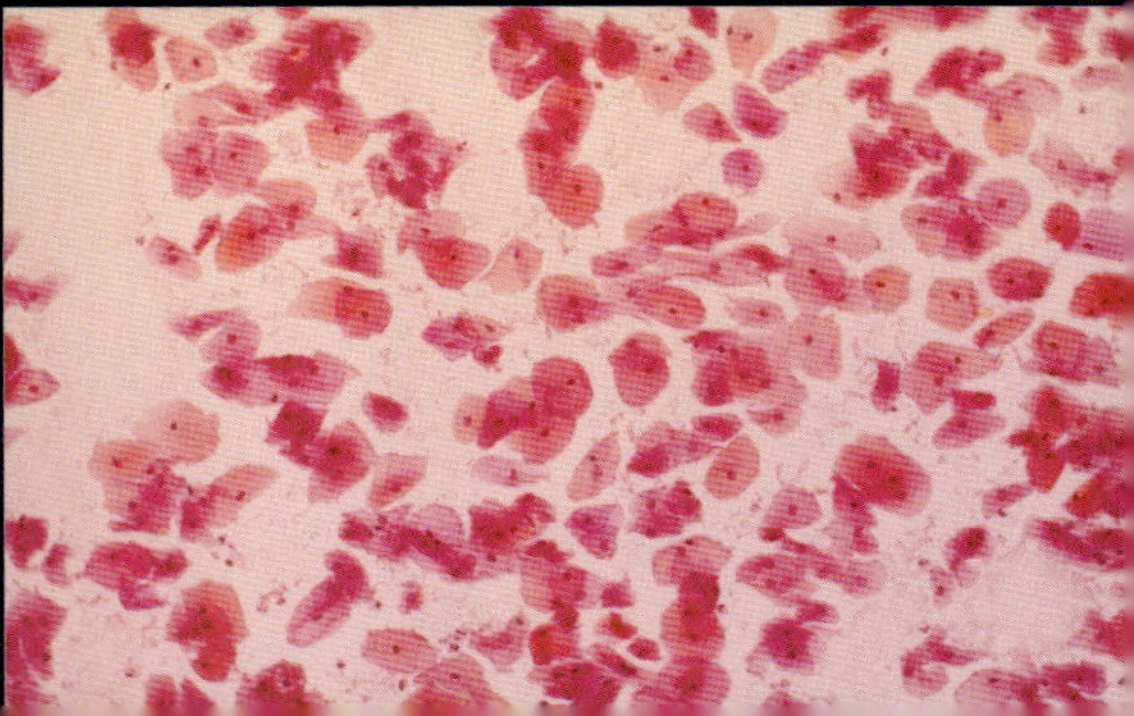

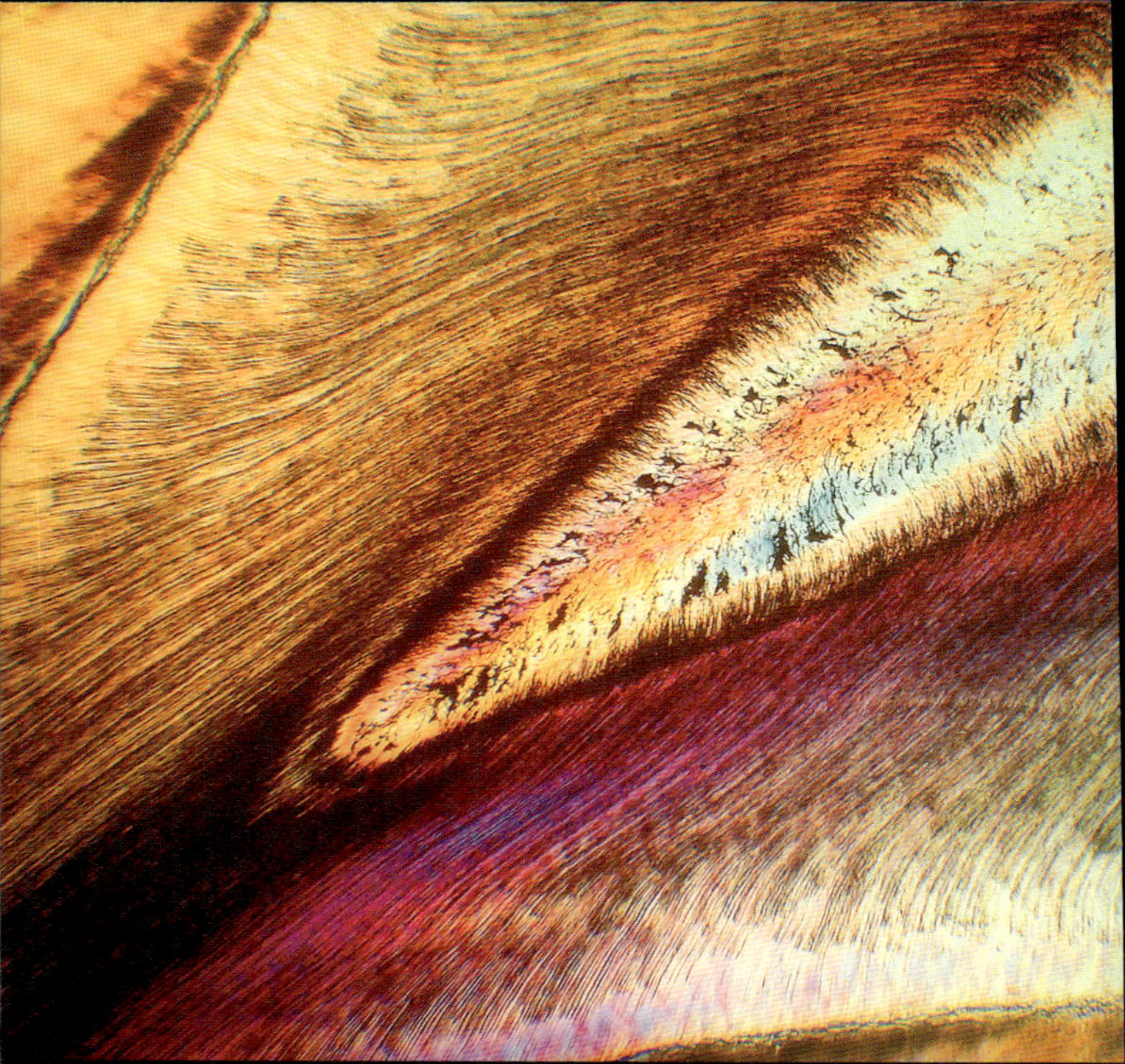

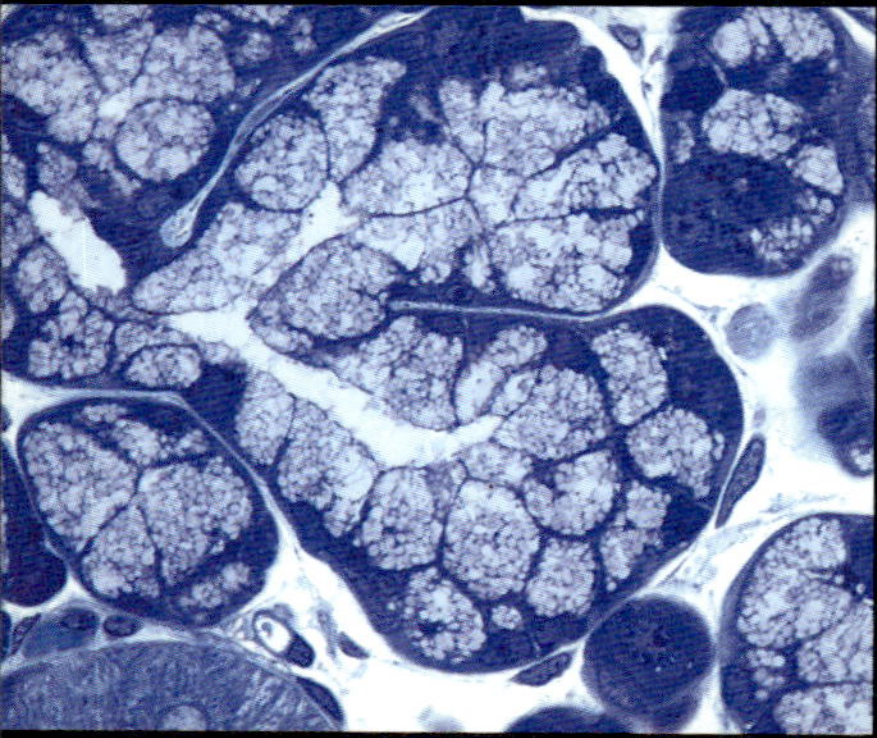

◀**舌下腺**　唾液を口の中に分泌する大きな唾液腺は３種類あります。その１つが舌下腺です。唾液腺は１本の導管をもち、それが多数に枝分かれして、その末端に腺細胞が集まって腺房をなしています。この舌下腺はおもに粘液を分泌し、その腺房は１種類の粘液細胞（薄い青色で白い分泌顆粒を含む）からできています。耳下腺では消化酵素のアミラーゼを分泌する漿液性細胞だけを含み、顎下腺では粘液細胞と漿液性細胞の両方をもっています。

人間の口の中は、動物と比べて広い空間（口腔《こうくう》）が確保されています。これは、咀嚼《そしゃく》といって食べた物をモグモグして細かく噛《か》み砕き、胃や腸での消化・吸収を助ける役目を担っているからです。こういう空間をもたないヘビやワニなどの動物は、獲物を丸呑《の》みにしたり、噛みちぎってから飲み込んでいます。

咀嚼をするには歯が必要ですが、人間の場合は肉や野菜、果物、穀物など、いろいろな種類を食べる雑食です。そのため、歯の形も肉や野菜などを噛み切ったり、引き裂いたりするノミのような切歯《せっし》（前歯）と、先の尖《とが》った犬歯《けんし》（糸切り歯）、そして噛み切った食物をすり潰《つぶ》す臼《うす》のように平らな小臼歯《しょうきゅうし》と大臼歯《だいきゅうし》（奥歯）と、四種類の歯をもっています。これによっていろいろな食物を咀嚼することができるのです。

しかし、動物は食物の種類や食べ方によって歯の形が異なります。たとえばワニの場合は、円錐形《えんすいけい》の歯が並んでいるだけなので、噛みつくことはできても咀嚼することはできません。ですから丸呑みしているのです。

肉食動物の場合は、すべての歯が肉を切り裂いたり、骨を噛み砕いたりするのに適した鋭くとがった形をしています。これに対して草食動物の場合は、草をすり潰しやすくする平らな歯をしています。したがって歯を見れば、肉食か草食かがわかります。

こうして食物を噛み切り、舌でこねまわして人間は咀嚼していますが、これだけでは食べた物はノドを通りません。皆さんも経験があると思いますが、水分の少ないビスケットなどを食べたとき、口の中がパサパサして飲み込みにくいですね。

咀嚼した食物に適度な潤いを与え、飲み込みやすくしているのが唾液です。唾液は、口の中にある唾液腺から分泌されています。

唾液腺には、耳のすぐ前あたりにある耳下腺《じかせん》と、舌の付け根の両横にある顎下腺《がつかせん》と舌下腺《ぜつかせん》の三つがあります。これらの唾液腺を備えているのは哺乳類だけです。そのため、唾液腺をもたない動物は、咀嚼できないのです。

このように、口と歯と唾液と舌が共同して食物を飲み込み、食道に送るという消化器官の入口としての役割を果たしています。このほか、口は、気道の入口でもある呼吸器の役割に加えて、口の形を変えたり舌や唇を動かしたりして言葉を話したり、いろいろな表情をつくる働きもしています。

ちなみに唇は、哺乳類だけがもつ筋性のヒダで、閉じることで口の中に異物が入らないようにしたり、食物がこぼれないように防ぐ働きをしていますが、じつは乳を吸うためのものだともいわれています。

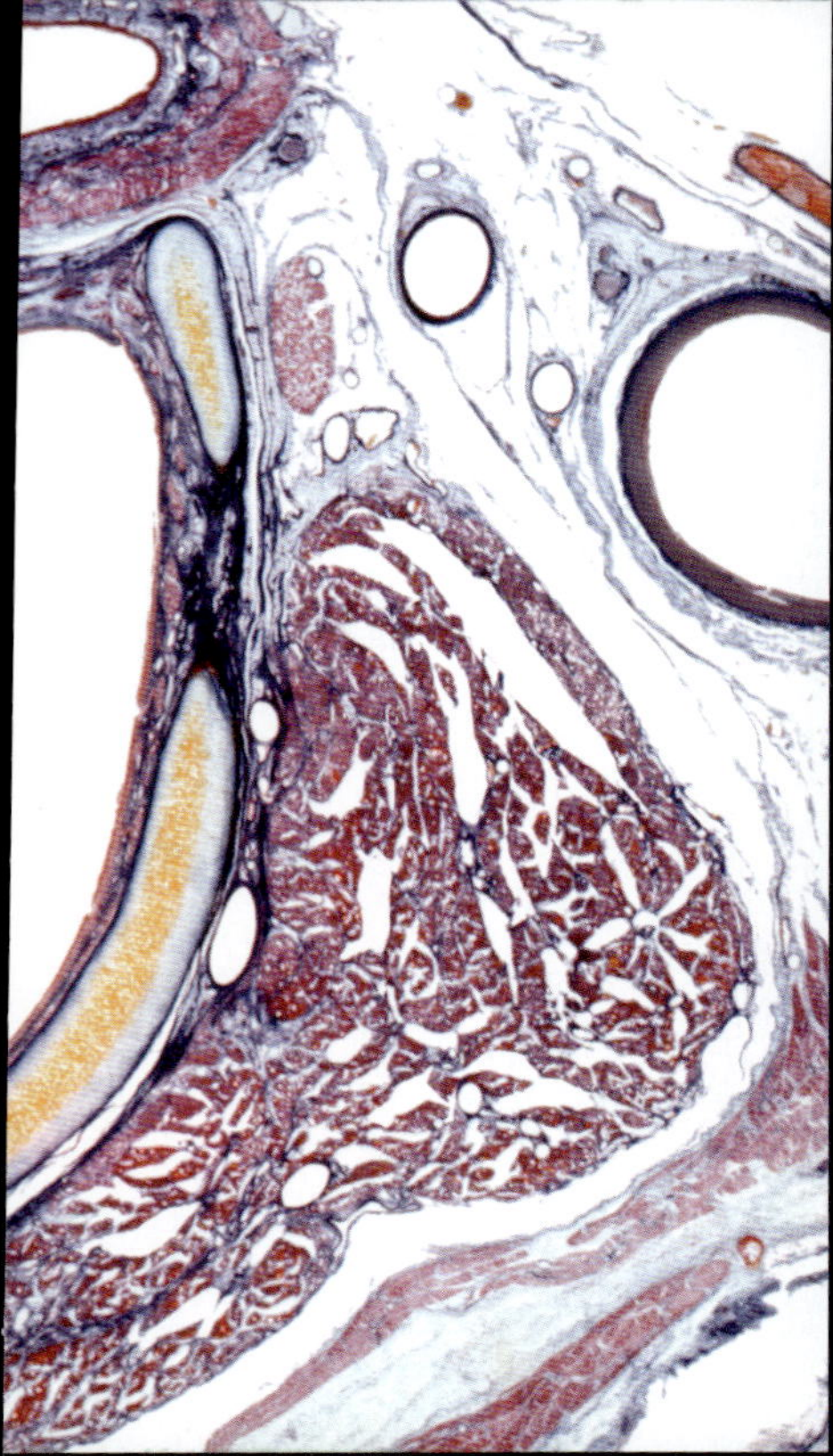

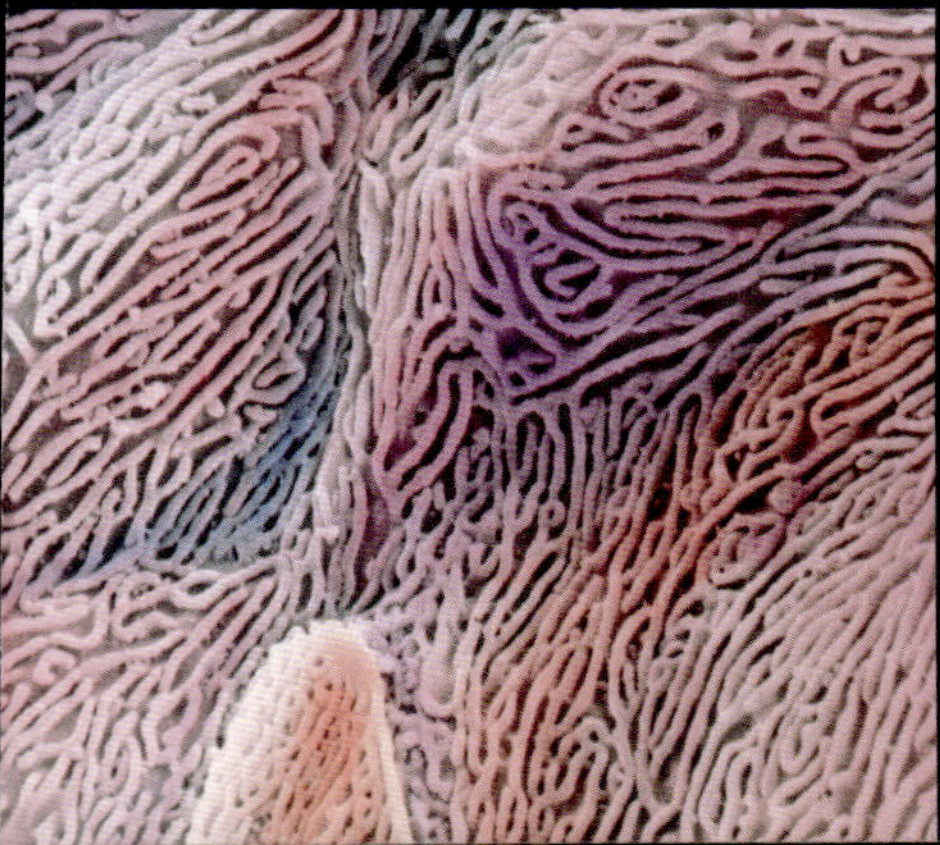

# 食道

## ―― 口と胃を結ぶ筋肉のチューブ

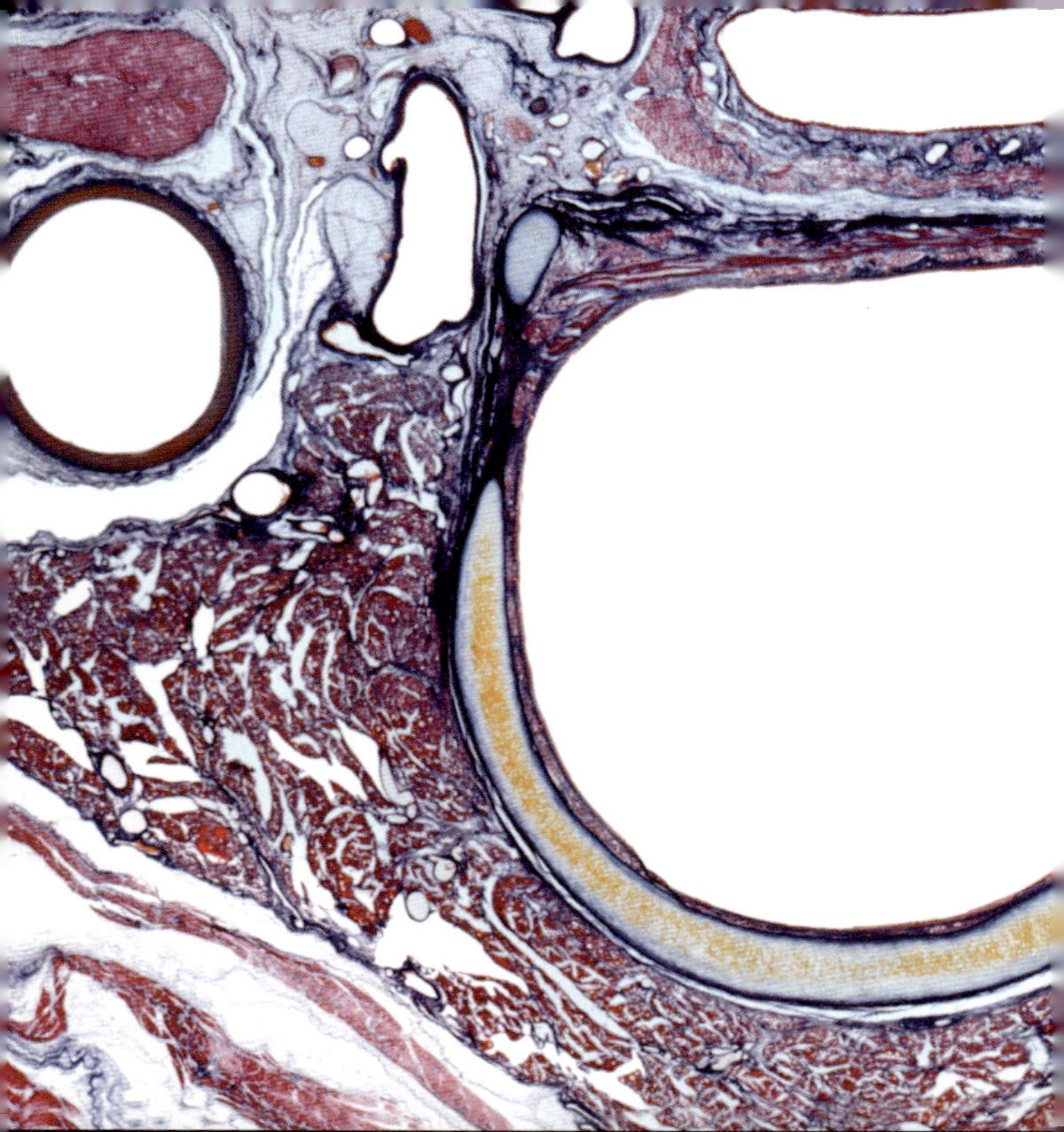

▲頸の高さの食道と気管の横断面　写真の上の端近くに食道の断面が白い楕円形に見え、その下、写真中央には気管の大きな断面が軟骨（黄色と青）に囲まれているのが見えます。食道の壁は２層の筋肉（赤い厚い層）によって囲まれ、表面の粘膜上皮（赤く薄い層）のすぐ下には緩い結合組織性の層（青く見える）があります。気管の壁の大部分は軟骨によって囲まれて硬くできていますが、食道に向かう部分だけは軟骨がなく平滑筋からなり軟らかくできています。

▶食道の粘膜上皮細胞の表面　食道の粘膜は、いろいろな飲食物の刺激に耐えられるように、何層もの扁平な細胞によって覆われています。その最表層の細胞の表面は、写真のように細かなヒダがつくられていて、ここに粘液を閉じ込めて湿った状態を保ち、食物が通過するときの摩擦を防いでいます。

食道は、文字通り食物の通り道で、食べたものを胃に送り込む働きをしています。筋肉でできたチューブのような食道は、ふだんは前後につぶれて閉じていますが、食物が通過するときには蠕動《ぜんどう》運動によって先へ先へと送っていきます。食道の内壁からは粘液が分泌され、食物を通りやすくしています。

蠕動運動とは、収縮したくびれが上から下に移動する動きのことで、歯磨き粉のチューブの中身をしごいて出す動きが、自動的に行われるようなものです。この動きによって寝ていたり、逆立ちしていても食物が食道を通過することができるのです。つまり、飲み込んだものは重力で落下しているわけではありません。

食道はノドから下につながる食物の通路で、その前方には呼吸で取り込んだ空気を肺に送る気管が通っています。鼻の奥から気管のはじまりのところをノドといい、医学的には「咽《いん》頭《とう》」と「喉頭《こうとう》」の二つからなっています。咽頭は、空気と食物の両方が通り、それを食道と喉頭に振り分ける交差点にあたります。

人間以外の哺乳類の咽頭は、食物と空気の通路が分かれた立体交差をしていますが、人間の場合は一緒になっている部分がある交差点方式になっています。そのため、交通整理をする必要があり、線路のレールを切り換えるように、ノドの奥についている「軟口蓋《なんこうがい》」と「喉頭蓋」という二つの蓋《ふた》を開けたり閉めたりして、食物と空気の切り換えをしています。

たとえば、食物を飲み込もうとすると、舌が上がって食物を咽頭に送ります。すると、軟口蓋がもち上がって鼻への入口が閉じられ、食物が鼻に逆流するのを防ぎます。そして、食物は咽頭を進んで喉頭蓋の上にのる形になります。これによって喉頭蓋が閉じられて気道をふさぎ、食物は食道へと流れていく仕組みです。

食物と空気の通路を共有している交差点方式になっているために、レールの切り換えがうまくできないと、気道のほうに食物が入ってノドを詰まらせ、呼吸ができなくなったり、むせたりというトラブルが起こってしまうことがあります。とくに、子どもやお年寄りが起こしやすく、ときには命を落とすこともあるのです。

そう考えると交差点方式はとても不便で、動物のように完全に分かれた立体交差のほうが安全で優れているように感じます。

しかし、交差点方式だからこそ、人間は声を出すことができるのです。喉頭には声帯という器官があり、ここを空気が通るときに振動させ、その振動が口の空間で共鳴して声をつくり出しています。ノドを詰まらせるリスクはありますが、言語を話せるという大きなメリットを人間は獲得したということです。

# 胃

## ——胃の中身はなぜ腐らないのか

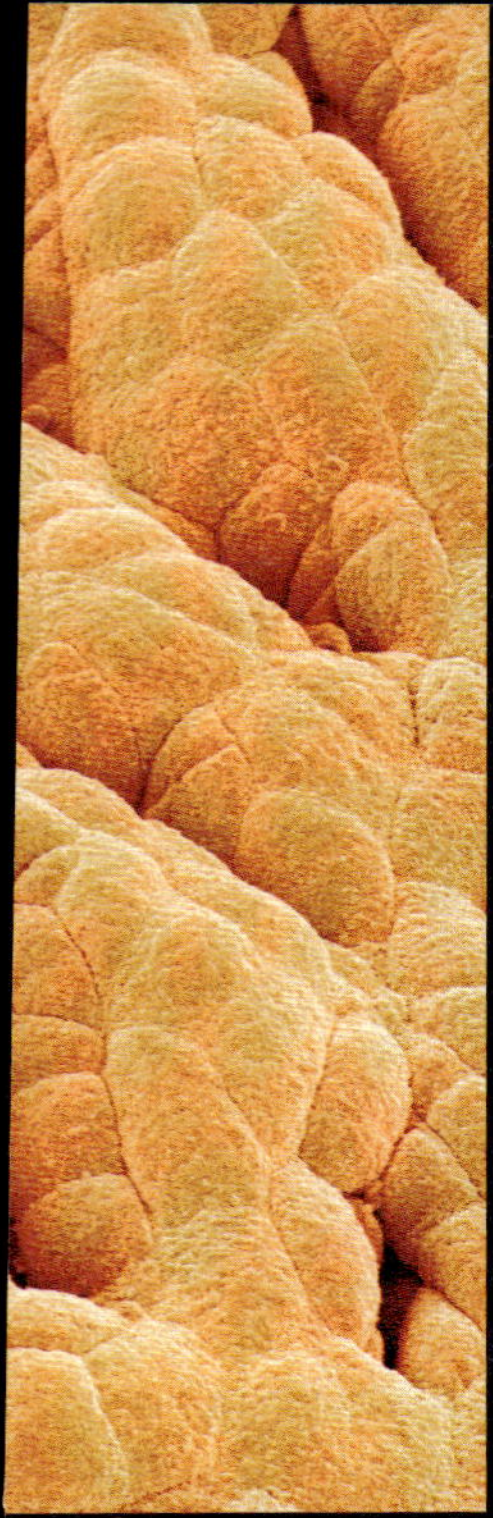

◀**胃粘膜の表面**　胃の粘膜は内がわから粘膜上皮、粘膜固有層、粘膜筋板、粘膜下層の４層で構成されています。表面に見えている円柱状の上皮細胞からは粘液が分泌されます。窪みになっている部分が胃腺の開口部にあたる胃小窩で、ここから胃酸と消化酵素が胃の中に分泌されています。

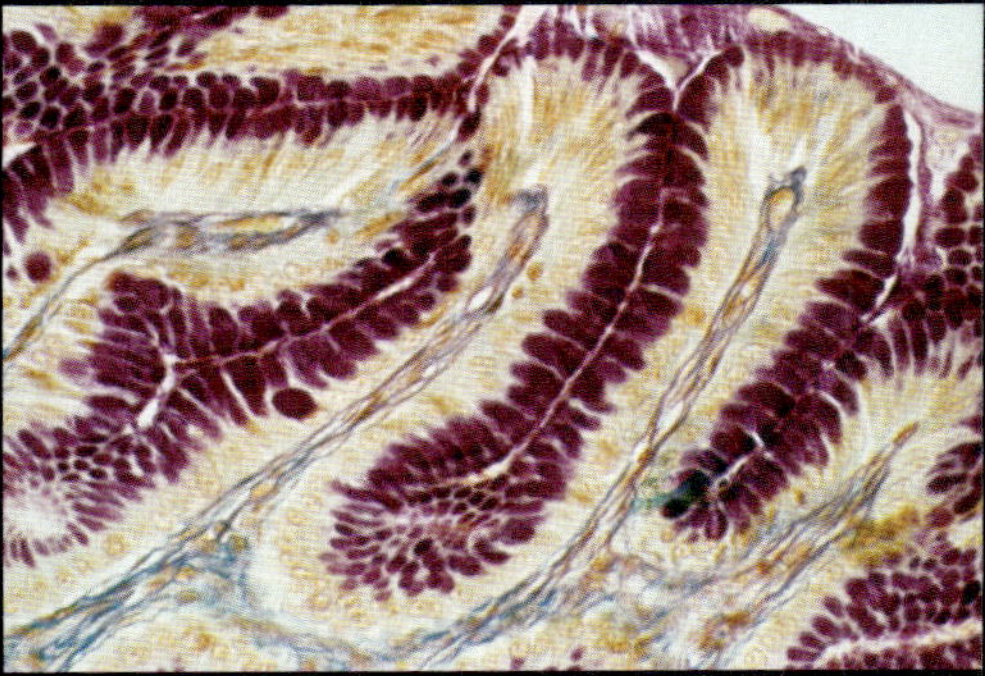

▶**胃粘膜の断面**　胃粘膜はあちこちで落ち込んで胃小窩という窪みをつくり、胃腺につながるところが見えています。胃粘膜と胃腺の上部は、粘液を分泌する細胞で覆われています。この細胞の上半部（濃い紫色）には粘液の成分であるムチンが含まれ、下半部（黄色）には核と細胞質があります。胃腺の外がわでは粘膜固有層の結合組織（青色）の中に、血管やリンパ管、神経を含んでいます。

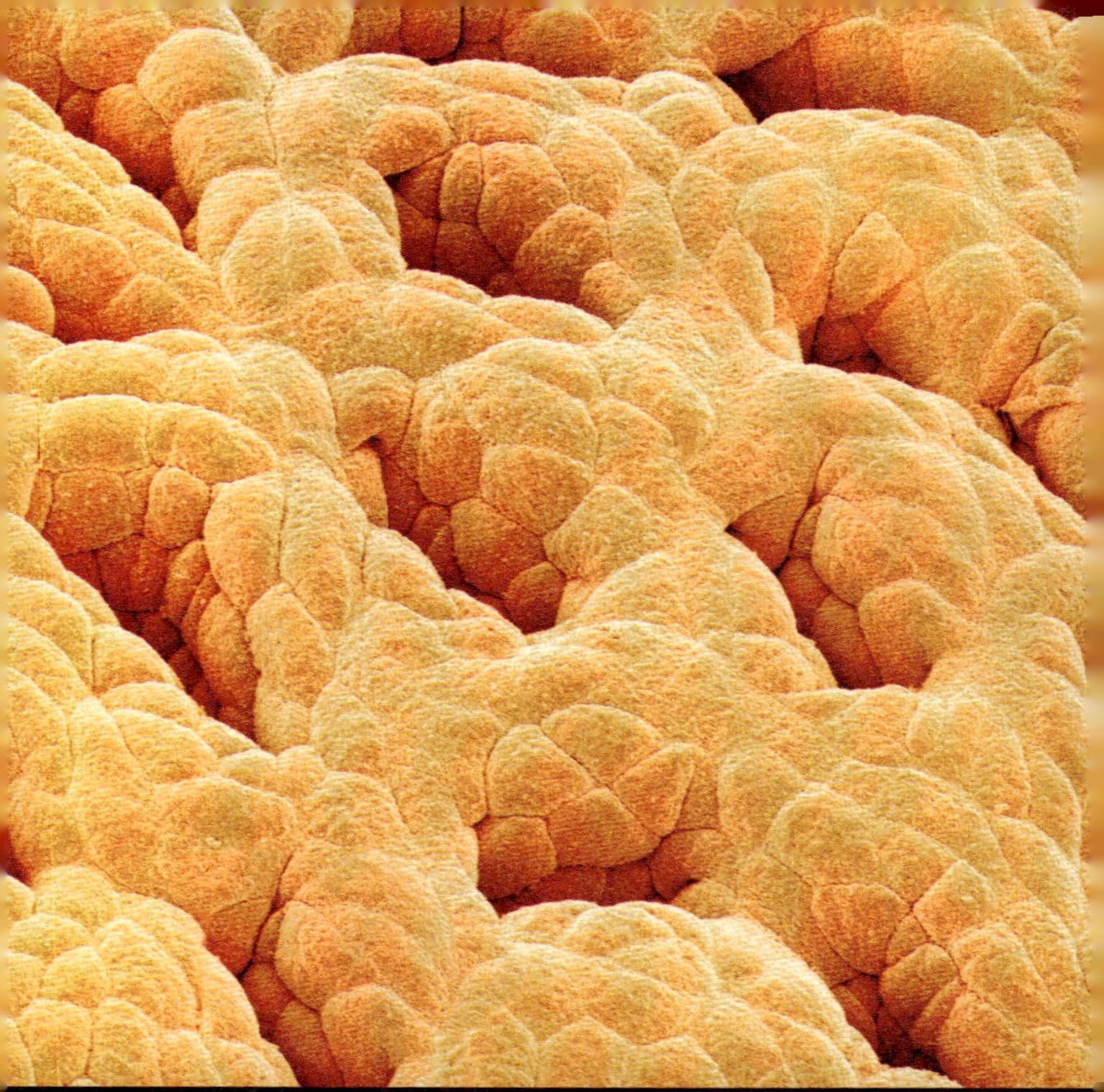

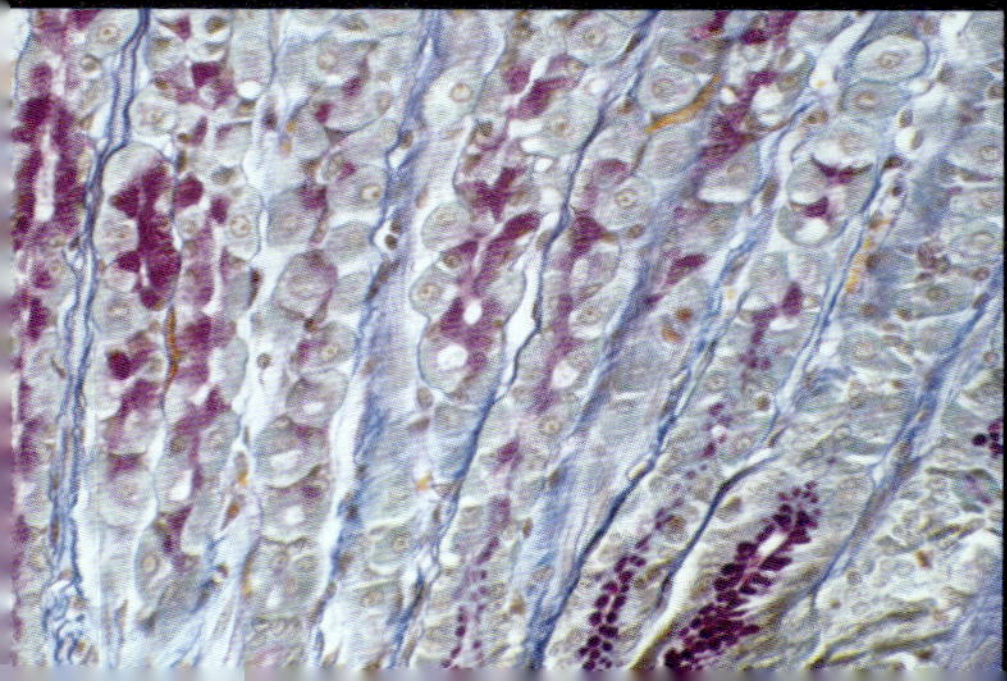

**◀胃底腺の上部の断面**
胃底は、胃の最上部でドーム状に盛り上がった部分です。胃底腺は、胃底だけでなく胃体という胃の本体に広がっている胃腺で、３種類の細胞からできています。粘液を分泌する副細胞、塩酸を分泌する壁細胞、消化酵素のペプシンを分泌する主細胞です。ここでは胃底腺の上部が見えていて、副細胞の粘液成分が紫色に見えています。

胃は、胃袋といわれるように筋肉でできた袋状の臓器です。食道から食物が送られてくると、胃粘膜にある胃腺から胃酸と消化酵素が分泌されます。主成分は、線維を柔らかくする塩酸や、タンパク質を分解する消化酵素のペプシンです。

胃粘膜の下には、縦・横・斜めに伸び縮みする三層の筋肉があり、これによる蠕動運動で胃液や消化酵素と食物を混ぜ合わせ、ドロドロの粥《かゆ》状にしています。そして、次に送られる小腸での本格的な消化・吸収に備えて、一時的に食物を溜《た》めておくのが胃の役目というわけです。そのため、容量も一二〇〇—一六〇〇ミリリットルと、ビール瓶二本分に相当する量を溜めておけます。

そうなると、ここで疑問が生じます。人間の体温は三六度前後ですから、ふつうに考えると食物が腐敗する温度です。胃に食物を溜めておいて大丈夫なのでしょうか。

そこで力を発揮するのが、胃液や消化酵素です。とくに胃液に含まれている塩酸は、皮膚をただれさせるほど強い酸性の力をもっています。この働きによって食物を殺菌消毒し、腐敗や発酵を防いでいるのです。また、よくできているもので、胃粘膜からは特殊な粘液も分泌されています。この粘液が胃を保護しているので、強い塩酸にさらされても胃自体は消化されることがないのです。

ところが、緊張したりストレスが溜まってイライラしていると、胃が痛くなることがありますね。胃はストレスに弱く、そういう状態が続くと粘液の分泌も鈍ってしまいます。そのため、塩酸を含んだ胃液によって内壁が溶かされ、胃が荒れて穴があいたように見えます。これが胃潰瘍《いかいよう》です。

しかし、胃に限らず消化器は栄養を摂って生命を維持する大事な器官なので、他の組織の細胞に比べて入れ替わりが早く、すぐに新しい細胞がつくられて胃粘膜は修復されます。

それほど強い胃液の中でも生きているのがピロリ菌で、胃粘膜に棲《す》みついて胃がんの原因にもなっています。どうして強い酸性の中でも生きられるかというと、ピロリ菌はウレアーゼという酵素を出して自分の周りをアルカリ性のアンモニアに変えることで中和し、生き延びているからです。そのため、除去するしか方法がないのです。

また、胃は上のほうを「胃底」と呼びますが、ここにはガスが溜まりやすくなっています。たとえば、炭酸飲料を飲むと炭酸が胃底に溜まります。おしゃべりをしていても、唾液と一緒に空気も飲み込んでいます。こうして胃底に溜まったガスが、一定量になると胃の入口が開いて食道を上り、口から出てきます。これがゲップという現象です。消化不良を起こしたときも同じようにゲップが出ますが、これは臭くて口臭の原因にもなります。

# 小腸
## ——人体最長の臓器

▲**小腸粘膜の腸絨毛**　指のように見えるのが腸絨毛で、そこにオレンジ色の粘液成分が絡みついています。粘液は粘膜を保護し、食物が腸の中をスムースに通過するのを助けています。

▶**小腸粘膜の腸絨毛の表面と断面**　小腸の粘膜からは腸絨毛という突起が突き出していて、ここではその表面と断面が見えています。断面で表面近くのオレンジ色の部分は腸の上皮細胞。内部にある薄茶色の部分は絨毛内の結合組織で、栄養素を運ぶ毛細血管やリンパ管が通っています。ここでは見えていませんが、腸絨毛の間には、腸陰窩（腸腺）という窪みがあり、多少の液を分泌しています。

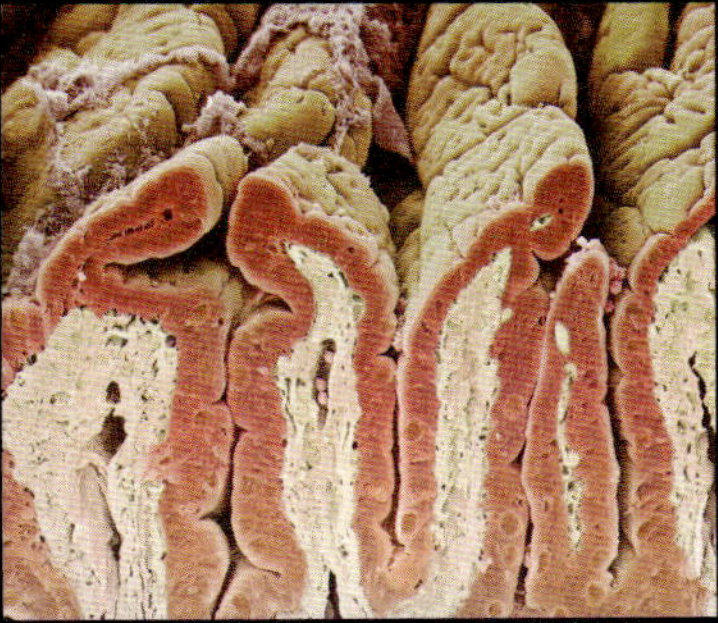

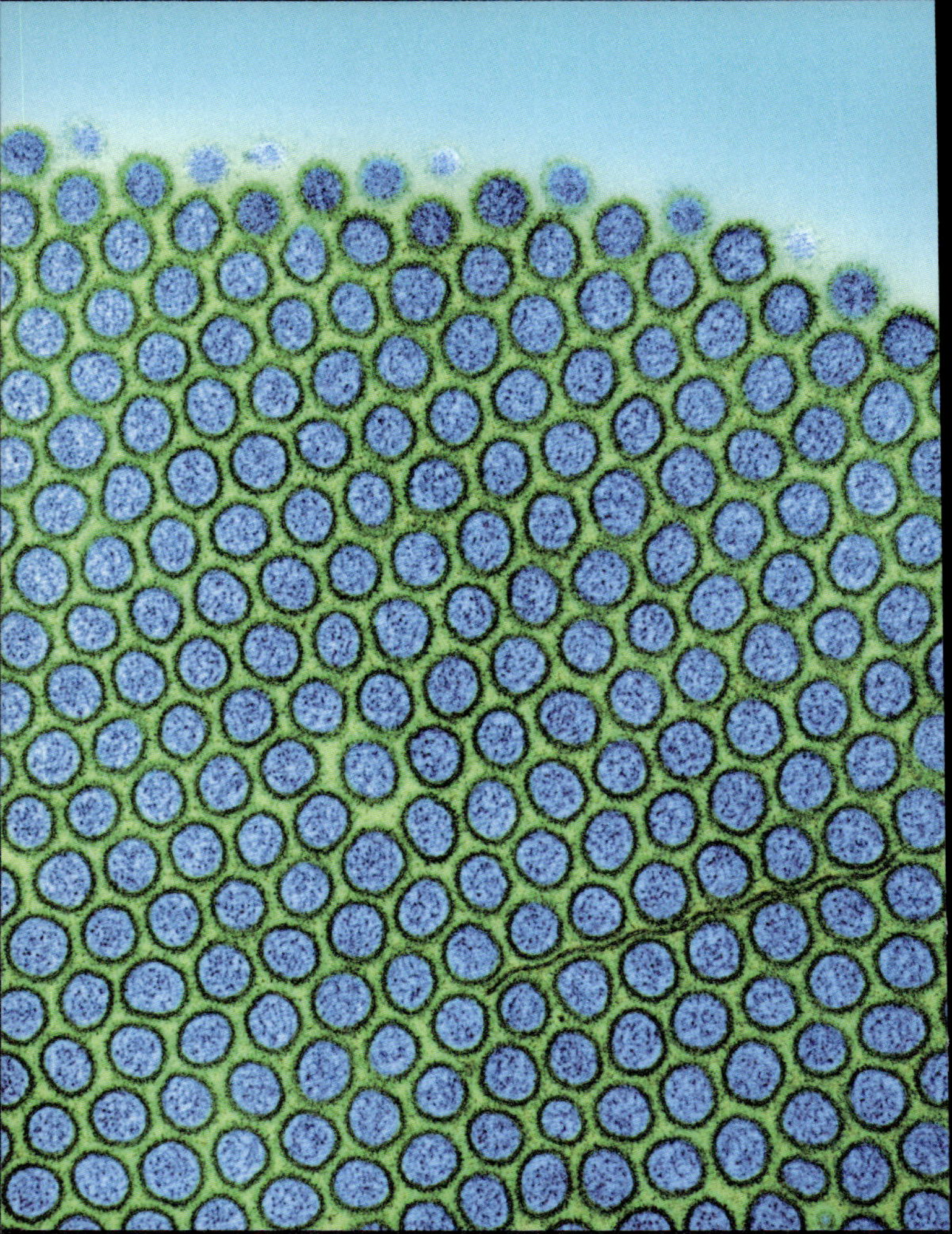

▲腸上皮細胞から突き出た微絨毛の断面　腸上皮細胞の表面からは、微絨毛と呼ばれる細かな円筒形の細胞突起が無数に突き出して、細胞膜の表面積を増やしています。歯ブラシのようにきれいに並んでいるので刷子縁といいます。１本１本の微絨毛はまっすぐに伸び、お互いに絡み合うことはありません。しかも、一定の隙間をあけて規則正しく並んでいて、とても美しいのです。

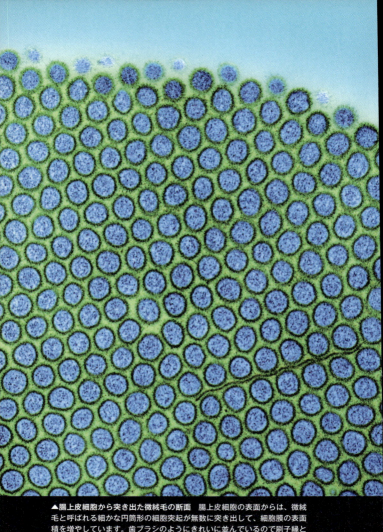

胃に続く消化管は一般的には小腸といわれていますが、正確には十二指腸《じゅうにしちょう》、空腸、回腸の三つの部分に分かれます。胃から送られたドロドロの粥状になった食物を、さらに細かく分解して栄養素と水分を吸収しているのが小腸です。

口から入る水分は一日に一・五リットル程度ですが、唾液や胃液、腸液などが分泌されるので、消化管には約九リットルの水分が入り込み、その約八割が小腸で吸収されています。したがって小腸の粘膜は吸収のためにとても大きな表面積をもった構造をしています。

成人では約六メートルもの長さをもつ消化管で、体内で最も長い臓器ですが、生きている人体の中では縮んでいて三メートルほどです。小腸の壁の一番内がわは粘膜、外がわは二層の平滑筋《へいかつきん》が包む構造になっていますが、平滑筋が体内では縮んだ状態にあるからです。

それでも三メートルは十分に長いですが、重力で下がることなくお腹の中にしっかり収まっています。どうして小腸は絡まらないのでしょう。

小腸は、腹部の後壁から腸間膜《ちょうかんまく》といわれるカーテンレールのようなもので固定され、そこから垂れ下がっているカーテンのようなものです。たっぷりとヒダをとっているので、たとえ伸びて六メートルになっても収まるわけです。

小腸の内壁には粘膜のヒダがあり、表面は腸絨毛《じゅうもう》と呼ばれる無数の突起に覆われています。

このような構造によって粘膜の表面積は、約二〇〇平方メートルにもなり、テニスコートに相当する広さとなります。これにより栄養素や水分の吸収が効率よく行えます。

この腸絨毛に、最終的に栄養素を分解する消化酵素が並んでいて、糖質やタンパク質、脂肪といった栄養素がぶつかると、最小サイズにまでバラバラになって腸壁内に素早く吸収されます。これは、大切な栄養素を腸絨毛の周りにいる腸内細菌に取られないようにするためです。

消化器は効率よく栄養を吸収するために、他の臓器よりも細胞の入れ替わりが早いのですが、中でも腸上皮細胞は栄養の吸収力を維持するために二四時間と人体で最も寿命が短い細胞です。腸壁からは毎日二〇〇—三〇〇グラムの細胞が新陳代謝によって脱落しています。

また、小腸に送られるのは栄養素や水分だけではなく、中には吸収してはいけない病原菌などが混じっている危険があります。ほとんどの病原菌は胃液で死滅しますが、ときには生き延びる菌もいるのです。そこで、小腸には免疫機能も備わっています。これを腸管免疫といいますが、回腸にはパイエル板という独自のリンパ小節が集まっており、免疫担当細胞が存在しているのです。この免疫担当細胞が、体に有害なものを撃退し、体内に吸収しないように水際で食い止める関所の役目を果たしています。

# 大腸

## ——便ができるまで

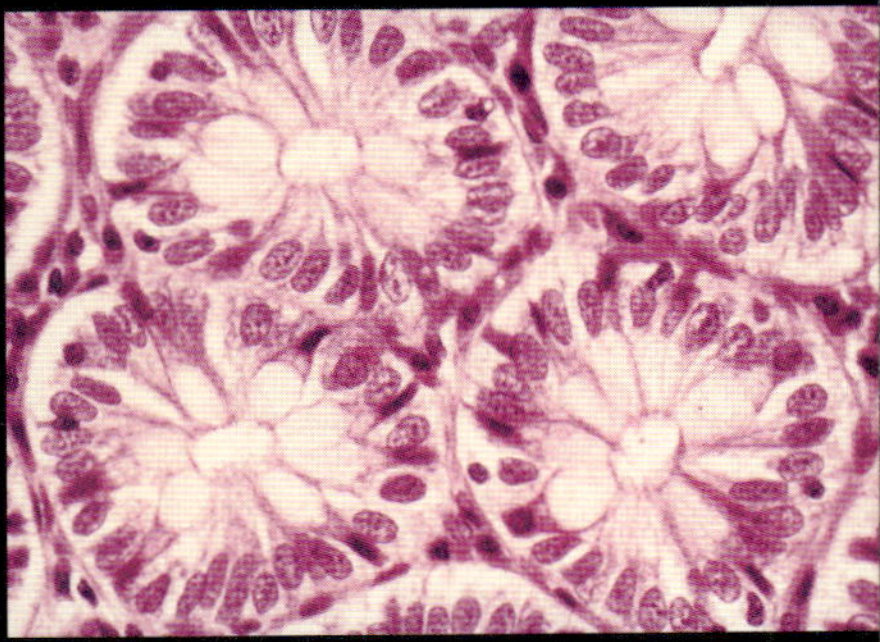

▲結腸の腸陰窩（腸腺）　大腸には腸絨毛のような突起はありませんが、小腸と同様に腸陰窩という窪みがあります。腸陰窩は腸腺とも呼ばれ、多少ですが液を分泌する働きがあります。コレラにかかると、腸陰窩からたくさんの液が分泌されて激しい下痢になります。腸の上皮細胞は円柱状で、基底側に核（楕円の紫）があります。

▲**結腸粘膜の表面**　結腸粘膜の表面には、腸絨毛のような突起がなく滑らかで、1層の上皮細胞により覆われています。1個1個の細胞が丸く盛り上がっていますが、よく見ると細胞の表面を覆っている刷子縁の細かな微絨毛が見えています。大腸では水分を吸収する働きが行われています。

小腸で消化・吸収された食物の残りと腸壁から脱落した細胞は、約一・二リットルの水分を含んだ状態で消化管の最後にあたる大腸に送られます。

大腸は、盲腸、上行結腸《じょうこうけっちょう》、横行結腸《おうこう》、下行結腸《かこう》、S状結腸、直腸からなる約一・五メートルの管で、小腸の周りを取り囲むようにして走っています。小腸と大腸の連結部分である盲腸には、消化物の逆流を防ぐための回盲弁《かいもうべん》という蓋がついています。

大腸では栄養の吸収はほとんど行われていません。主な役割は、流動性の消化物から水分を吸収して固形化することにあります。そのため、大腸の壁は薄っぺらで、粘膜には小腸のようなヒダや絨毛はありません。

また、小腸の壁では平滑筋が二層のチューブをつくっていますが、大腸の壁の外がわには縦に走る三本の平滑筋からなる「結腸ひも」と呼ばれるスジがあります。これに手繰《たぐ》られて大腸は縦方向に蛇腹状になっています。この構造の違いにより、手術の際は、手探りでも医師が小腸と大腸を区別することができるのです。

この三本の縦の平滑筋と内がわの輪状平滑筋のチューブが収縮し、結腸では蠕動運動によってキュッキュッと絞るようにして水分を含んだ消化物を先へ先へと送っていきます。

盲腸から直腸へと消化物が進む間に、水分と電解質が吸収されて〇・一リットルほどの水分を含んだ硬い便になり、肛門から排泄されます。

じつは、便をつくるには消化物をさらに分解する必要があるのですが、大腸にはその機能がありません。そこで、大腸に棲みついている腸内細菌の働きで、残りの栄養素を分解してもらっています。このときに発生したガスが、オナラの元になっています。

とくに、タンパク質の最小単位であるアミノ酸の一種、トリプトファンが、腸内細菌に分解されて発生するスカトールやインドールという物質が臭いのです。ですから、肉をいっぱい食べたときに出る便やオナラは臭いといわれるわけです。

また、オナラを我慢する人は多いと思いますが、我慢したらどうなるでしょう。

じつは、我慢したオナラは、腸管から吸収されて血液中に入ります。そうなると全身を巡るわけですが、一部が尿に溶け込んだり、呼気として口から出てくるのです。口から出るといっても、体内を巡っているのでオナラそのものではなくなっていますが、ときには吐いた息が臭くなることもあります。

また、腹部を切ると筋肉の下に、すぐに小腸や大腸が見えるわけではありません。腸の表面は、大網というエプロン状の薄い膜で覆われています。大網にはリンパ球などの免疫担当細胞が集まっており、腹部に侵入した細菌などを封じ込める役目をしています。

# 肝臓

## ——人体最大の化学工場

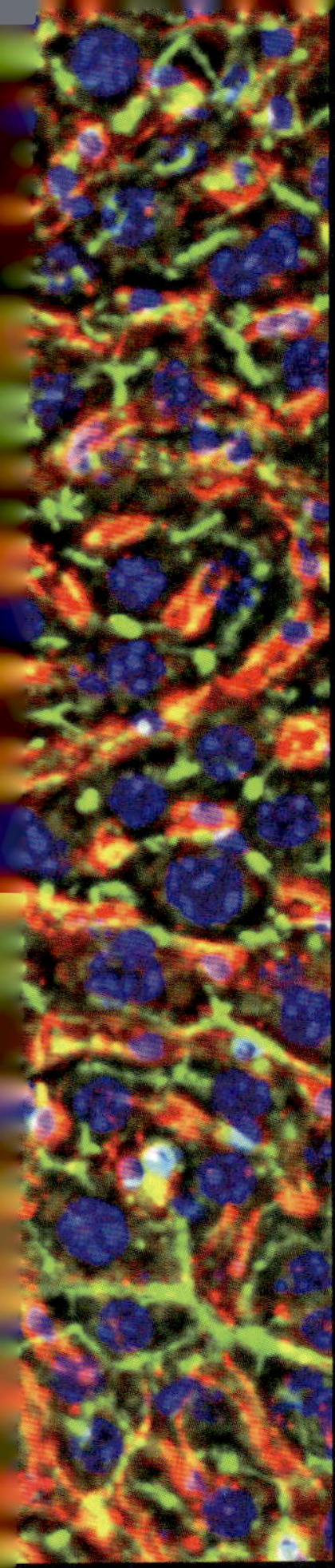

**▼肝細胞索と洞様毛細血管**　肝臓の組織を顕微鏡で見ると、直径1～2ミリほどの肝小葉が集まっています。肝小葉の内部では肝細胞が放射状に並んで肝細胞索（オレンジ色）をつくり、その間を太い洞様毛細血管（青色）が走り、赤血球（赤色）が流れています。洞様毛細血管の壁をつくる薄い内皮細胞と肝細胞との間をよく見ると、ディッセ腔という隙間が開いています。また肝細胞の内部には毛細胆管（緑色）が通っており、ここから胆汁が分泌されて胆管に排出されます。

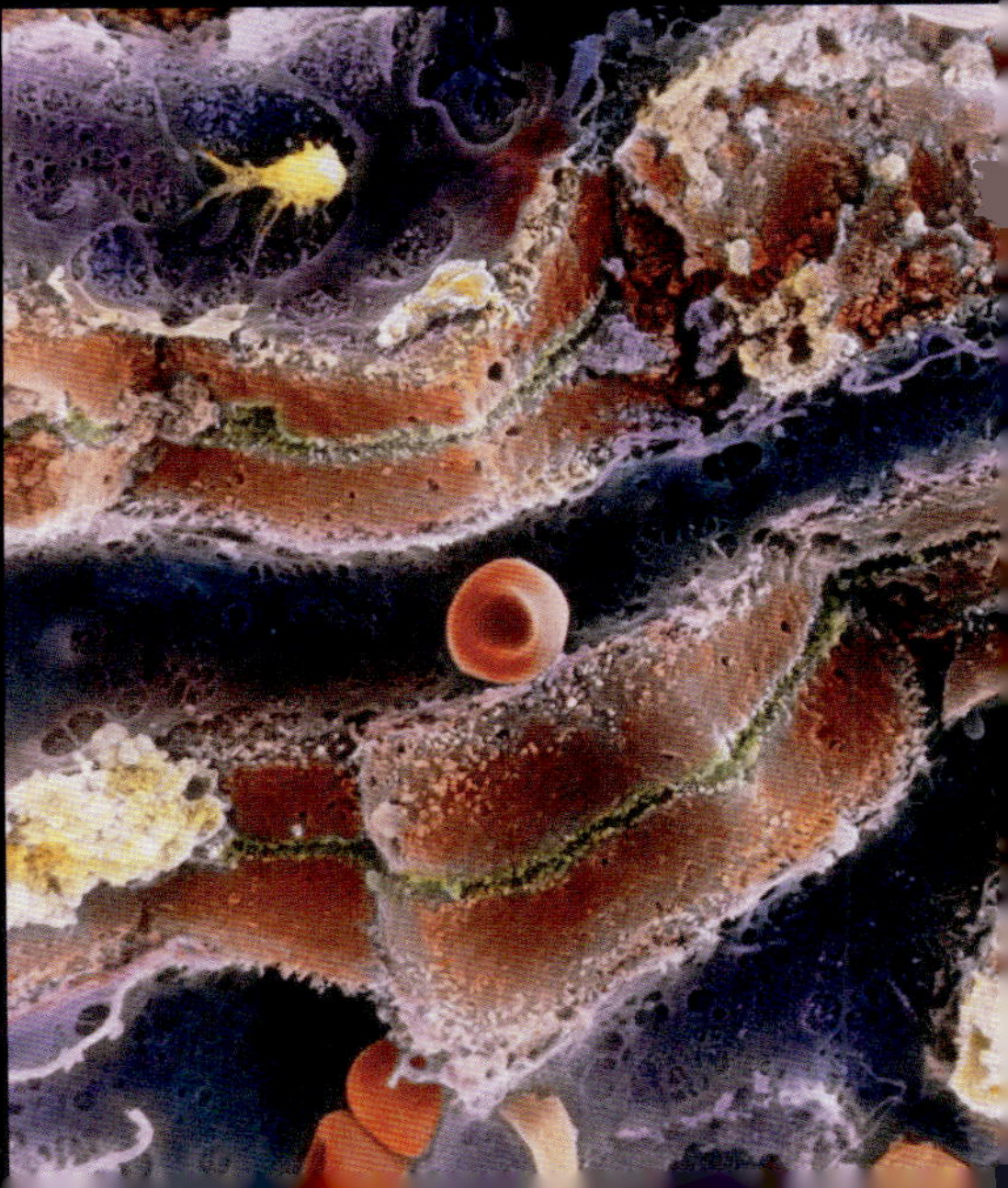

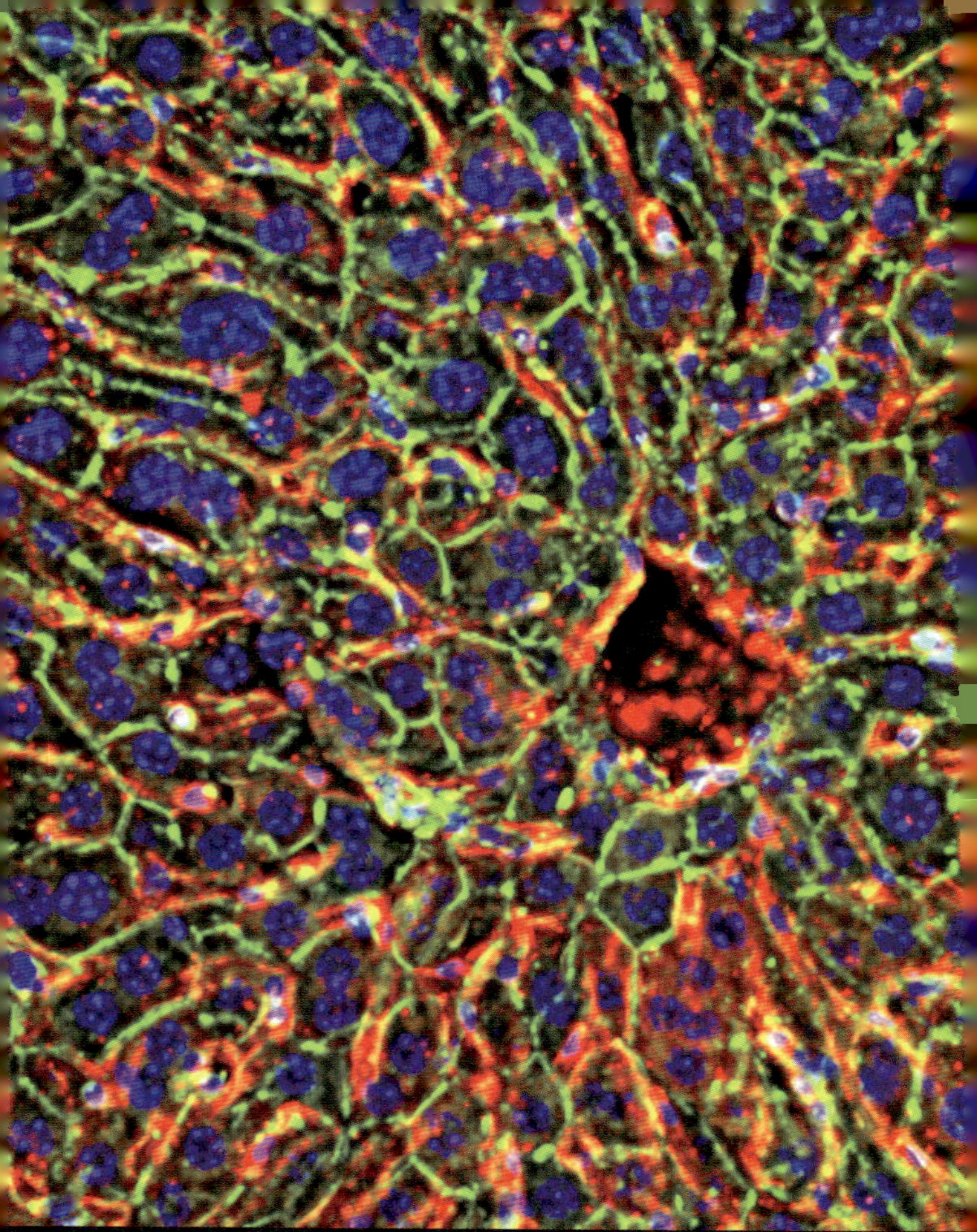

▲**肝小葉の中心部分**　肝臓の基本単位は肝小葉と呼ばれる直径 1～2 ミリほどの六角柱で、約 50 万個の肝細胞を含んでいます。中央には肝静脈の枝の中心静脈が赤く見え、そこから放射状に肝細胞索と洞様毛細血管が広がっています。蛍光染色で赤色（平滑筋アクチン）に見えるのはディッセ腔の線維芽細胞、緑色（f-アクチン）に見えるのは肝細胞内の毛細胆管、青色は細胞核です。

肝臓は、体内で最大、最重量、最高温の臓器で、栄養素の分解と合成、貯蔵、有害物質の解毒《げどく》、胆汁の生産などを一挙に行っているので、よく化学工場にたとえられます。

肝臓の基本単位は肝小葉《かんしょうよう》といわれる六角柱で、約五〇万個といわれる肝細胞が放射状に集まって構成されています。これらの細い隙間《すきま》を毛細血管が無数に走っています。ここには胃腸や膵臓などから血液を肝臓に送るための門脈、肝臓自体を養うための肝動脈から多量の血液が集まっています。ですから、焼き鳥のレバーのように暗紫色《あんししょく》をしています。

多種多様の仕事をこなしている肝臓ですが、とくに重要なのは代謝と排泄です。どんなに栄養のあるものを食べても、体に取り込めなければ役に立ちません。胃腸で消化・吸収された栄養素は、すべて肝臓に集められて化学処理され、体が必要とする有効な物質につくり変えられてから全身に運ばれています。

たとえばエネルギー源となる炭水化物は、小腸でブドウ糖などの単糖類にまで分解された後、肝臓で一時的に蓄えて濃度が一定になるように血液中に放出しています。食後でブドウ糖が豊富にあるときは、貯蔵しやすいグリコーゲン（単糖類の集合体）に変えて肝臓に蓄えています。そして、お腹が空いたときなど、必要に応じてグリコーゲンをブドウ糖に戻して血液中に放出しています。これによって常に血液中には一定濃度のブドウ糖（血糖値）が保たれています。このような体内で起こる化学反応を「代謝」といいますが、これが肝臓が担っている大きな役目の一つです。

体に必要な物質を合成している肝臓ですが、つくりっぱなしでいるほど無責任ではありません。あまり知られていませんが、不要になった物質を回収して排出してもいるのです。

不要になったもののうち、水に溶けるものは腎臓から尿として排泄されますが、水に溶けないものは肝臓で水に溶けるように処理した後、胆汁にして胆囊にいったん溜めてから腸に送り、便として排泄しています。つまり、排泄作業も肝臓の役目なのです。

胆汁というと、多くの人が脂肪分の消化を助ける消化液だと思っています。しかし、それだけのために肝臓が胆汁をつくっているわけではありません。むしろ、体に有害であったり、役に立たなくなった物質を、腸に捨てる働きのほうが大きいのです。

たとえば、アルコールやニコチン、薬、消化の途中でつくり出されたアンモニアなど、体の内外からくる有害物質を放っておくと、全身状態が悪くなります。そこで、有害物質を肝臓で分解し、無害な形にして胆汁に分泌しています。これを「解毒」といいます。

こうして大事な仕事を担っているので、肝臓は四分の三を切除しても生命が維持でき、数カ月後には肝細胞が増殖して元の大きさに戻るほど再生能力の高い臓器なのです。

## 胆嚢 ― 胆汁を貯蔵して濃縮するナス形のタンク

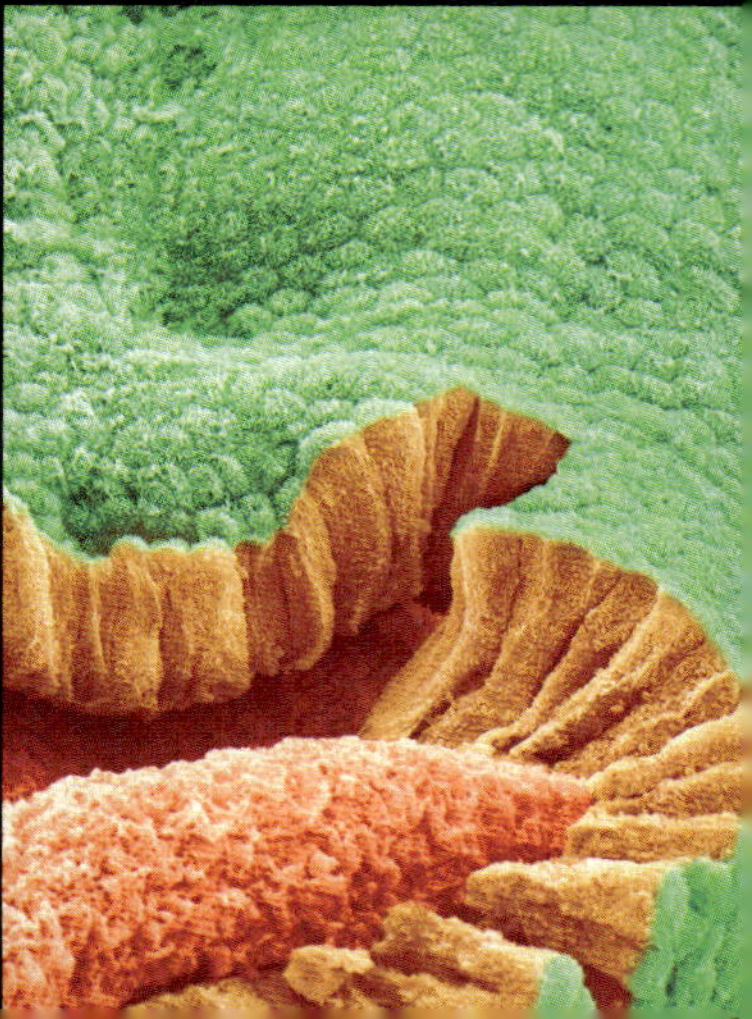

**▶胆嚢の粘膜の表面と断面**
胆嚢の内面の粘膜は、1層の円柱状の上皮細胞（オレンジ色）で覆われており、その表面には細かな微絨毛（緑色）が密に生えています。上皮細胞のすぐ下には平滑筋細胞（赤色）がところどころ盛り上がっています。平滑筋が収縮すると胆汁が胆嚢から絞り出されます。

▲▶**胆嚢の粘膜の表面**　胆嚢は平滑筋でできた袋で、胆汁を一時的に蓄え、水分を吸収して濃縮します。胆汁の内面の粘膜には細かく折りたたまれたヒダができて、表面積を広げています。胆嚢の粘膜のヒダは枝分かれが多く、網目のような不思議な形をしています。

▼**胆嚢壁の断面**　胆嚢の壁は、複雑な形のヒダをつくる粘膜と、胆嚢を収縮させる平滑筋層からできています。粘膜は単層の上皮細胞とその直下にある粘膜固有層の結合組織からできています。平滑筋はところどころで盛り上がって粘膜上皮に近づいています。

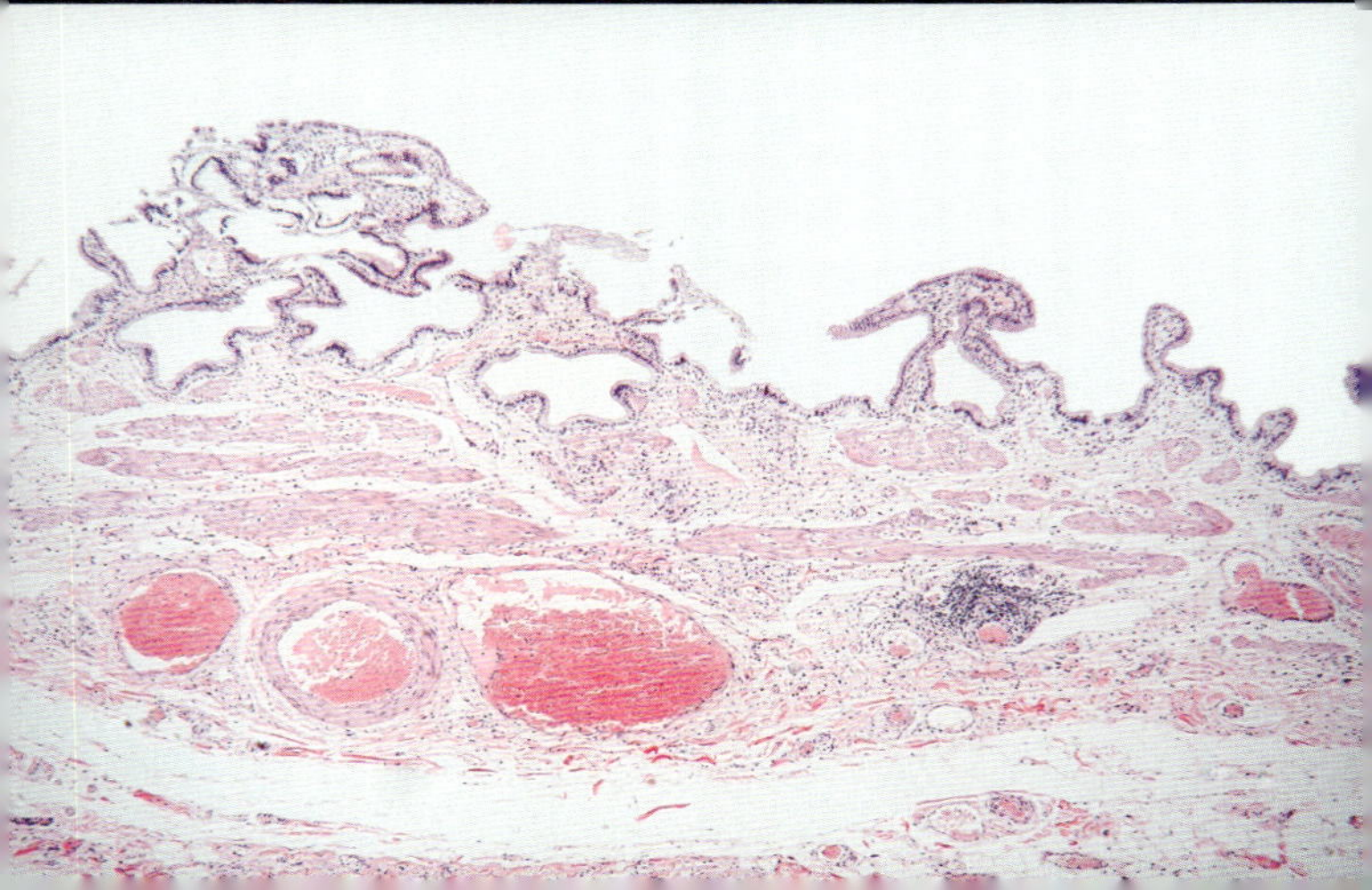

胆嚢《たんのう》は、肝臓と十二指腸をつなぐ管の途中にあるナスの形をした袋状の臓器です。内面はびっしりとヒダをつくった粘膜で覆われ、その下には筋層があります。

肝臓でつくられた胆汁は、左右の肝管が合流した総肝管《そうかんかん》から、胆嚢管を通って胆嚢に蓄えられ、ここで水分を絞って約一〇倍に濃縮されます。出来上がったばかりの胆汁は黄色ですが、濃縮されると黒っぽい色になります。そして、食事をしたときにだけ、十二指腸につながる胆管へと胆汁が注がれます。

胆汁は、脂肪分の消化・吸収を助ける働きをしていますが、胆汁自体に消化酵素は含まれていません。そこで、十二指腸に食物が入ってくると、その刺激で十二指腸や空腸から消化管ホルモンが分泌され、この刺激が合図となって胆嚢は筋肉を収縮させて胆汁を絞り出すとともに、膵臓からは脂肪の消化酵素を含んだ膵液《すいえき》の分泌が促されます。こうして胆汁と膵液が合流して十二指腸に注がれると、脂肪分が分解されて腸での吸収をよくします。つまり、胆汁は消化酵素が効率よく働けるように活性化させる働きをしているわけです。

胆汁の分泌は、食後一時間ぐらいで増えはじめ、二時間頃がピークとなり、その後は徐々に減っていきます。

先の肝臓のところで、胆汁の仕事は脂肪分の消化・吸収だけではなく、有害物質の排出も行っていると述べました。中でも重要な役割が、ビリルビンを便と一緒に排泄することにあります。

胆汁の成分には、胆汁酸やコレステロール、古くなって破壊された赤血球の色素であるビリルビン（黄色）などが含まれています。胆汁が黄色いのはビリルビンによるものですが、これが腸に送られて腸内細菌の働きで化学変化を起こして茶色っぽい便になります。つまり、便の色は壊れた赤血球の色素によるものなのです。

そのため、肝臓の働きが悪くなるとビリルビンが腸に排出されず、血液中に混じって全身を巡ってしまいます。そうなると、眼や皮膚で吸収されて黄色くなる黄疸《おうだん》が現れます。

また、コレステロールは健康によくないと悪者扱いされがちですが、胆汁の原料になっているだけでなく、細胞膜やホルモンの原料にもなっています。ですからコレステロールが不足すると、組織がもろくなってしまうのです。

コレステロールの八割は体内で合成されており、食物からの合成は二割程度です。ところが、脂肪を摂りすぎると必要以上にコレステロールが合成されるため、余った分が血液中に溢《あふ》れ出て血管を傷つける原因になります。不足しても多すぎても健康を害するので、適切な量を摂ることが大切です。

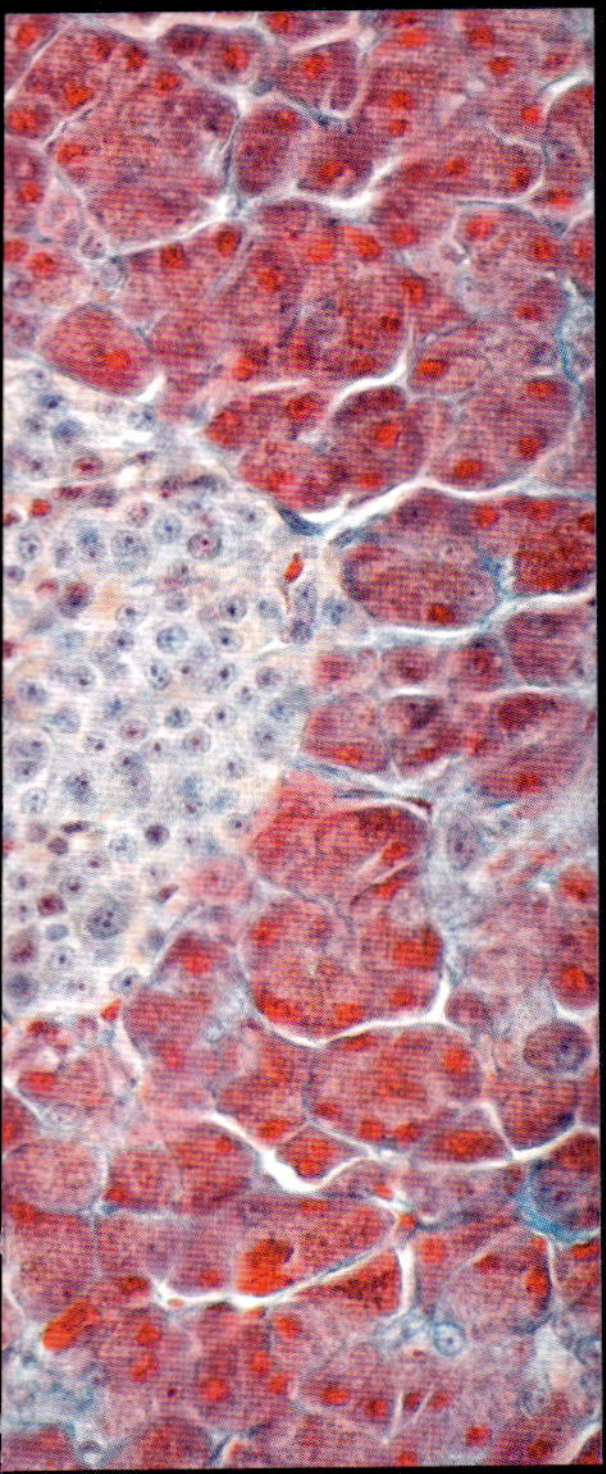

▲膵臓の外分泌部の腺房　ブドウの房のように見えるのが腺房で、１つ１つの膨らみが腺房細胞です。この細胞で消化酵素が合成され、腺房の内部にある小さな腔所に膵液が分泌されます。この腺房の腔所は合流して細い導管につながり、さらに合流して膵臓の中央を通る主膵管と呼ばれる太い管になって、十二指腸に開口します。

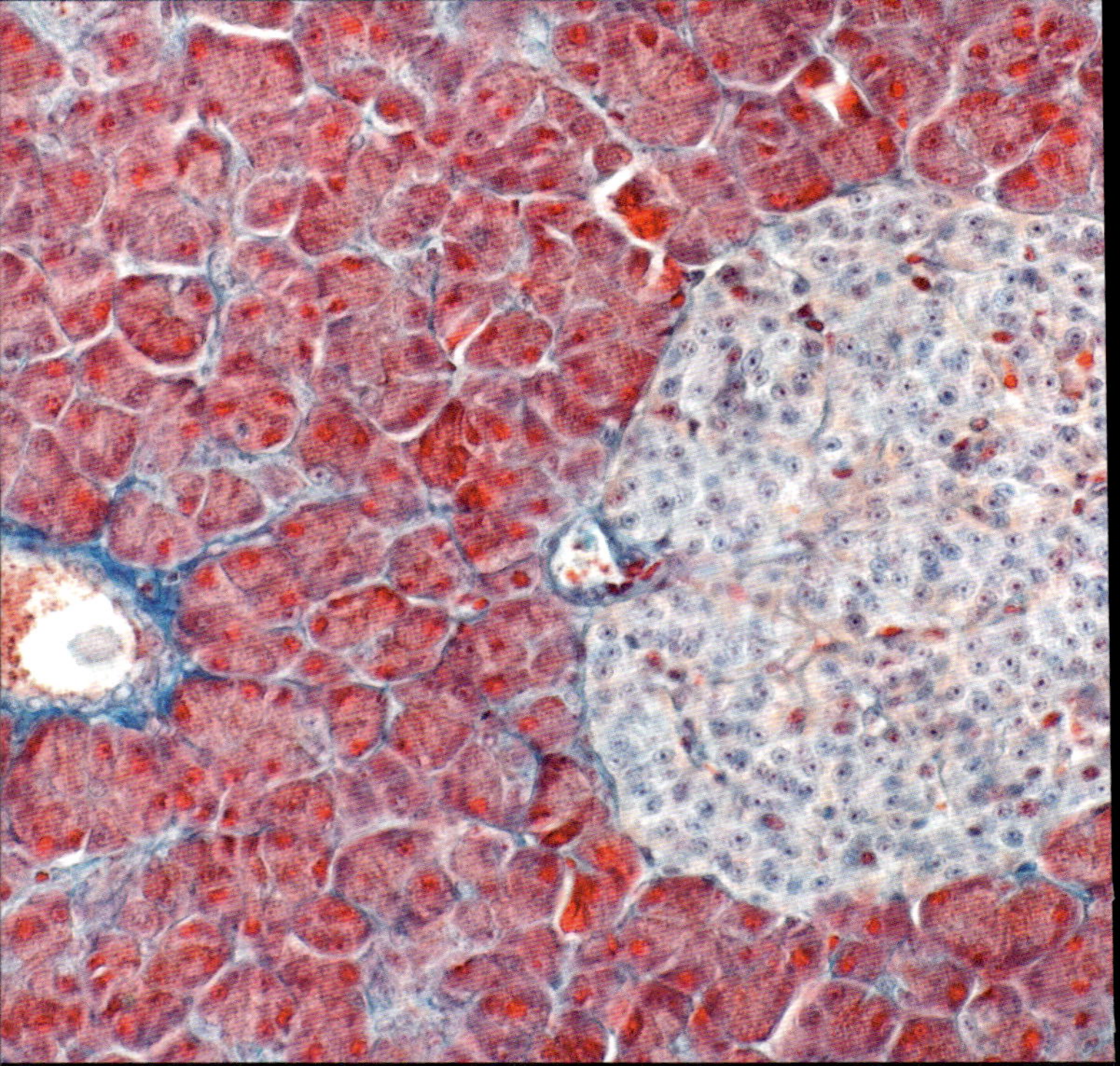

▲**内分泌部のランゲルハンス島と外分泌部の腺房の断面**　中央の白っぽく見えるところが内分泌部のランゲルハンス島で、ここの細胞が血糖値をコントロールするインスリンやグルカゴンを血液中に分泌します。周囲のピンク色の部分は消化酵素を合成して膵液を十二指腸に分泌する外分泌部の腺房です。

膵臓《すいぞう》は重要な役目を担っていますが、どこにあるのかは意外と知られていません。胃の後方、背骨との間にあり、C字形に曲がった十二指腸に頭部がはまり込んでいる、横長の形をした臓器です。体表から触れることができず、また検査も難しいので、病気があっても発見しにくくなっています。

膵臓は、胆汁と連携して腸での消化を行う膵液を分泌する外分泌としての働きと、血糖値をコントロールするホルモンを分泌する内分泌としての働きの二つを担っています。

膵液には、タンパク質を分解するトリプシン、デンプンを分解するアミラーゼ、脂肪を分解するリパーゼなど、たくさんの消化酵素が含まれており、一日に約一リットルが分泌されています。

これらの消化酵素は、膵臓の外分泌部の腺房《せんぼう》細胞から分泌され、膵臓の真ん中を走っている膵管を通して十二指腸に送り込まれています。これにより食物は粉々に分解されます。

もう一つの働きが、糖代謝に必要なインスリンとグルカゴンを分泌することです。これらのホルモンは内分泌部のランゲルハンス島という特殊な細胞集団から分泌されています。

体内の細胞は、血液中のブドウ糖を取り入れ、これを燃焼させてエネルギーをつくり出しています。食事から摂った糖質は胃腸や肝臓の働きによってブドウ糖につくり変えられ、血液中に放出されます。このブドウ糖を細胞が利用するのに必要になるのがインスリンです。

インスリンは、血液中に溢れたブドウ糖を細胞に入れるように促す役目をしており、これによって血液中のブドウ糖濃度（血糖値）を下げています。そして、食事が摂れないなどで血糖値が下がったときに、肝臓に蓄えていたグリコーゲンをブドウ糖に戻して血糖値を上げる働きをしているのがグルカゴンです。

この相反する性質によって血糖値が微妙に調節され、一定に保たれています。そのため、この働きに異常が生じると、血糖値がコントロールできなくなってしまうのです。

現代の私たちは普通に食事をしていますが、太古の昔は狩猟採集をしていたため、いつも食事が摂《と》れるわけではありませんでした。そこで、体内にエネルギーを蓄えておき、食糧が得られないときにはそれをエネルギーに変えて利用できるように体が進化しました。つまり、血糖値を上げることが大事だったので、ブドウ糖が足りなくなると脂肪やタンパク質からブドウ糖を合成して利用できるシステムが体内に備わるようになったのです。

ところが、血糖値を下げる必要に迫られる時代になることは、体にとって想定外だったためインスリン以外に下げる方法が備わっていません。ですからインスリンの分泌が悪くなると血糖値が高くなり、なかなか下げることができないのです。この状態が糖尿病です。

## コラム　細胞は生命体の最小単位

私たちの体の約六〇パーセントは水分で、それ以外は細胞でできています。人体を構成している細胞の数は、約三七兆個ともいわれています。そして、驚くことに肉眼では見えない極小の細胞も、生命をもっているということです。

始まりは、たった一つの受精した卵細胞です。それが、次々に規則正しく分裂して増殖していき、形や働きの似たもの同士で組織をつくっていきます。これらの組織がいくつか集まって臓器や器官ができ、人体が形づくられています。

細胞は、細胞膜、細胞質、細胞核で構成されています。細胞膜は、主に脂質とタンパク質からなり、細胞を包んで保護するとともに、酸素や栄養分を細胞内に取り込んだり、老廃物や二酸化炭素を排出しています。細胞質は、ほとんどがタンパク質の混じった水分ですが、多くの構造体が含まれています。中でもミトコンドリアは、細胞が運動したり、分裂するときに必要なエネルギーを生み出して供給しています。またリボゾームは、アミノ酸を材料にしてタンパク質をつくっています。細胞核は、細胞の働きをコントロールする司令塔にあたり、中心部には人体の設計図である遺伝子が収められています。

細胞にも、いくつか種類があります。基本的な構成要素である細胞膜、細胞質、細胞核を備えていることは同じですが、その働きや形によって上皮細胞、筋細胞、神経細胞、線維芽《せんいが》細胞、骨細胞などに分けることができます。骨細胞は、線維芽細胞の一種でもあります。

同じ種類の細胞が手を組むと、一つのまとまった役割を担うことになります。この細胞の集まりが組織です。骨や筋肉、神経、皮膚、内臓などは、みんな組織によって形成されています。たとえば、上皮組織というグループは、胃や腸といった内臓や血管など、内部が中空になっている器官の表面や、体の表面を覆っている細胞の集まりをいいます。

筋組織のグループは、収縮する細長い筋肉細胞の集まりで、平滑筋、骨格筋、心筋の三種類に分けられます。神経組織のグループは、外からの情報を脳に伝え、また脳からの命令を体の各部に伝える細胞の集まりです。結合・支持組織のグループは、いろいろな組織や器官の間を埋めたり、つないだりする集まりと、骨や軟骨など体を支える集まりです。結合組織は、線維の成分をつくる線維芽細胞や脂肪を蓄える脂肪細胞などからできています。これに対して支持組織は、骨細胞からできています。

こうして、人体最小単位である細胞が集まって体を維持しているのです。

第2章

# 呼吸器

酸素を取り入れる
無意識のリズム

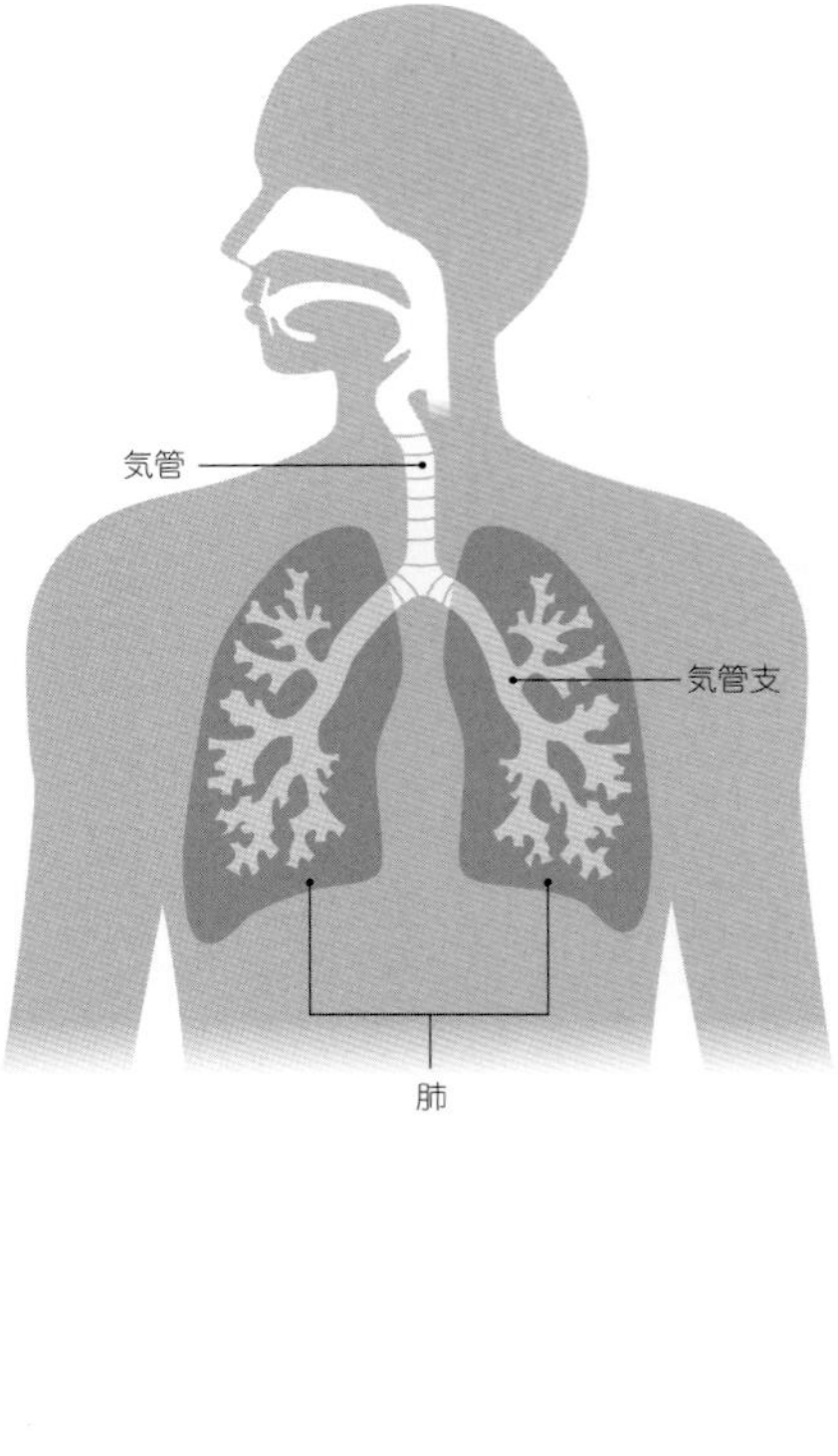

息を止めていると苦しくなることでもわかりますが、息をすることは食事と同じように生命を維持する大事な営みです。人間だけでなく、すべての動物は息ができなくなると数十分で死んでしまいます。

しかし、意識することなく息をしているので、鼻や口から吸い込んだ空気が、体内でどのような道をたどっているのかを、考えたこともないのではないでしょうか。

呼吸とは、息を吸ったり吐いたりすることですが、これだけではたんに空気を出し入れしている「換気」にすぎません。科学的にいうと、空気中から酸素を取り入れ、細胞の代謝によって生じた二酸化炭素を排出する「ガス交換」を呼吸といいます。

呼吸には、鼻腔《びくう》（鼻の奥の空間）から咽頭《いんとう》と喉頭《こうとう》までの上気道と、気管と気管支と肺からなる下気道が関わっており、これらの臓器を呼吸器と呼んでいます。

鼻や口から取り入れた空気は、上気道から気管へと運ばれ、左右に分かれる気管支へと進み、肺の中に入って枝分かれした気管支へと至ります。最終的に、空気は気管支の末端にある肺胞へと送られ、ここでガス交換が行われています。

そして、酸素は血液に乗って心臓に運ばれ、全身を巡ります。二酸化炭素は、来た道をさかのぼり、体外に排出されます。

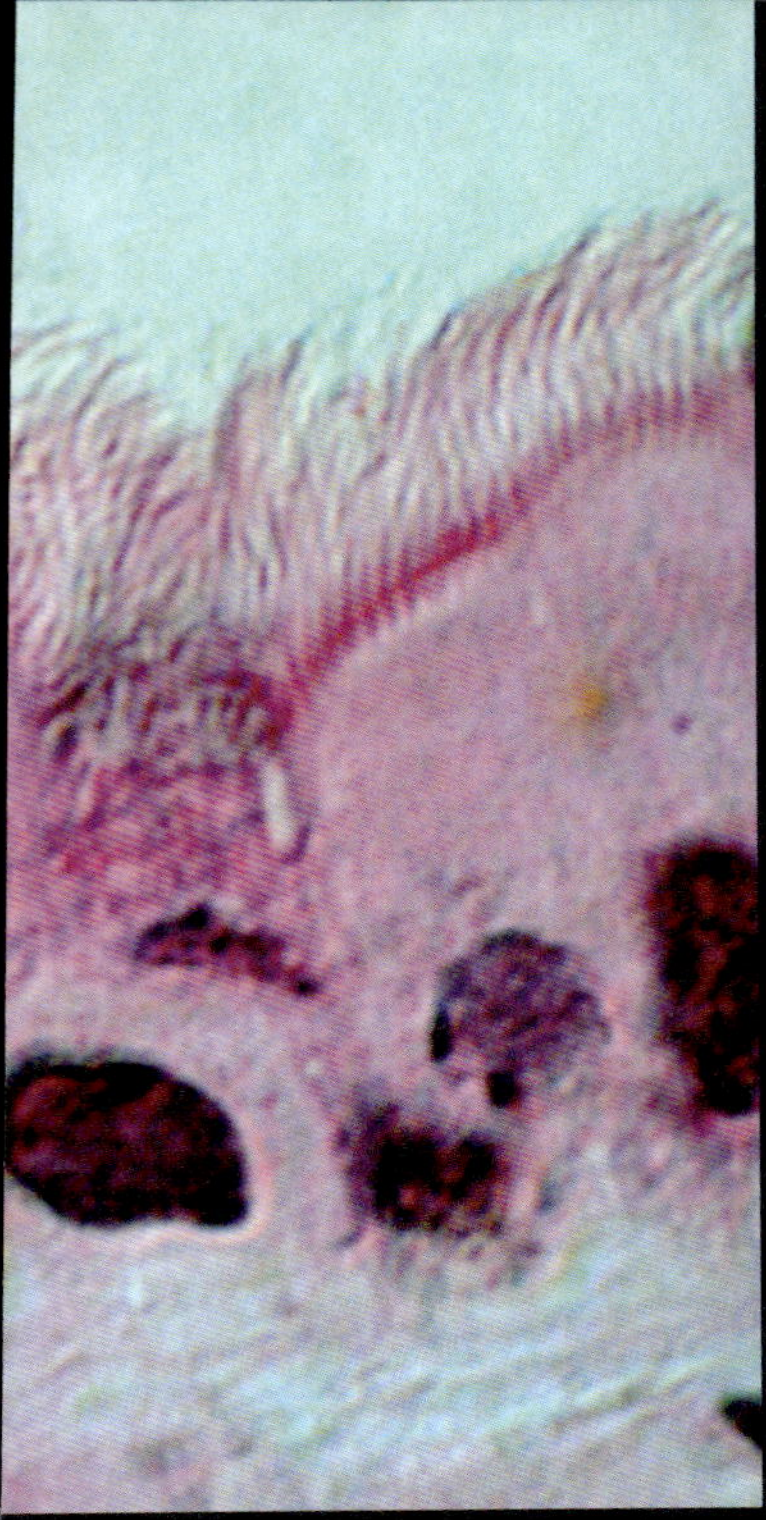

# 気管支

―― 空気を肺に送る輸送路

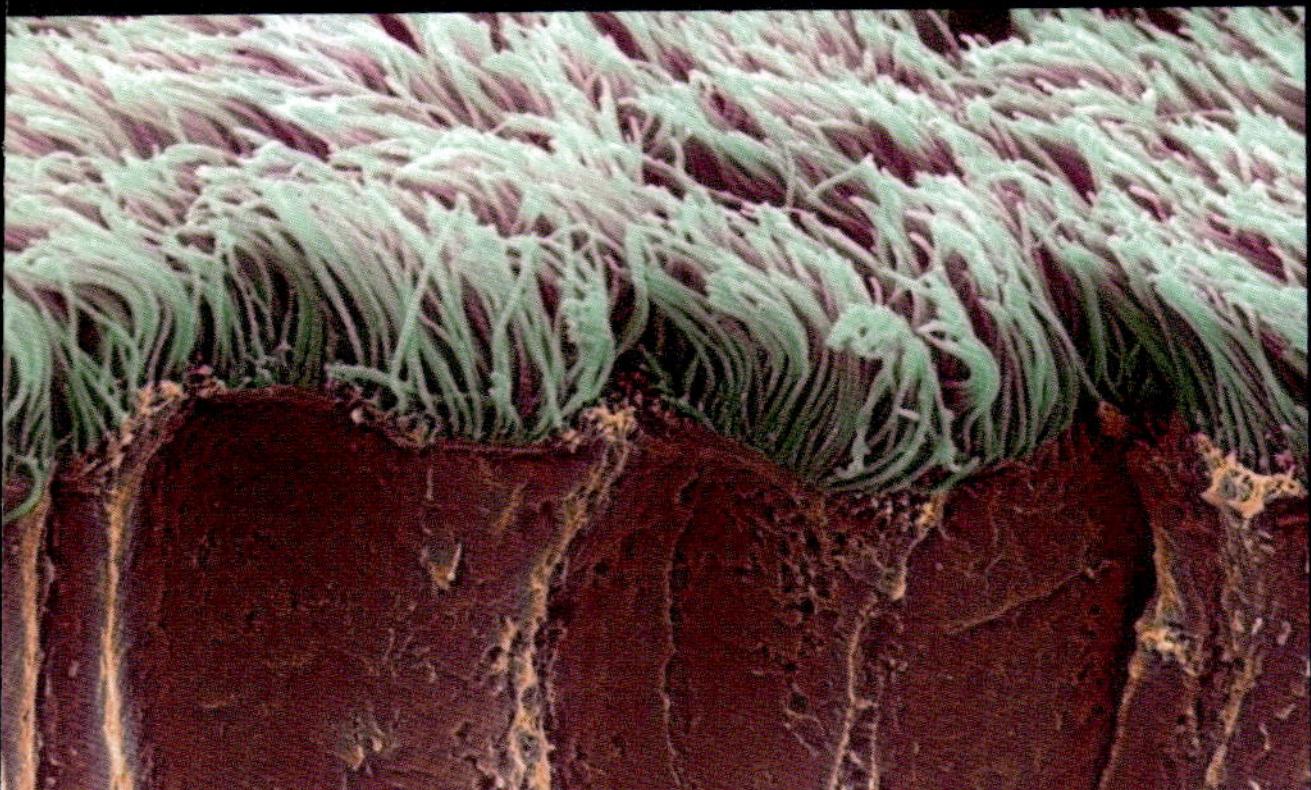

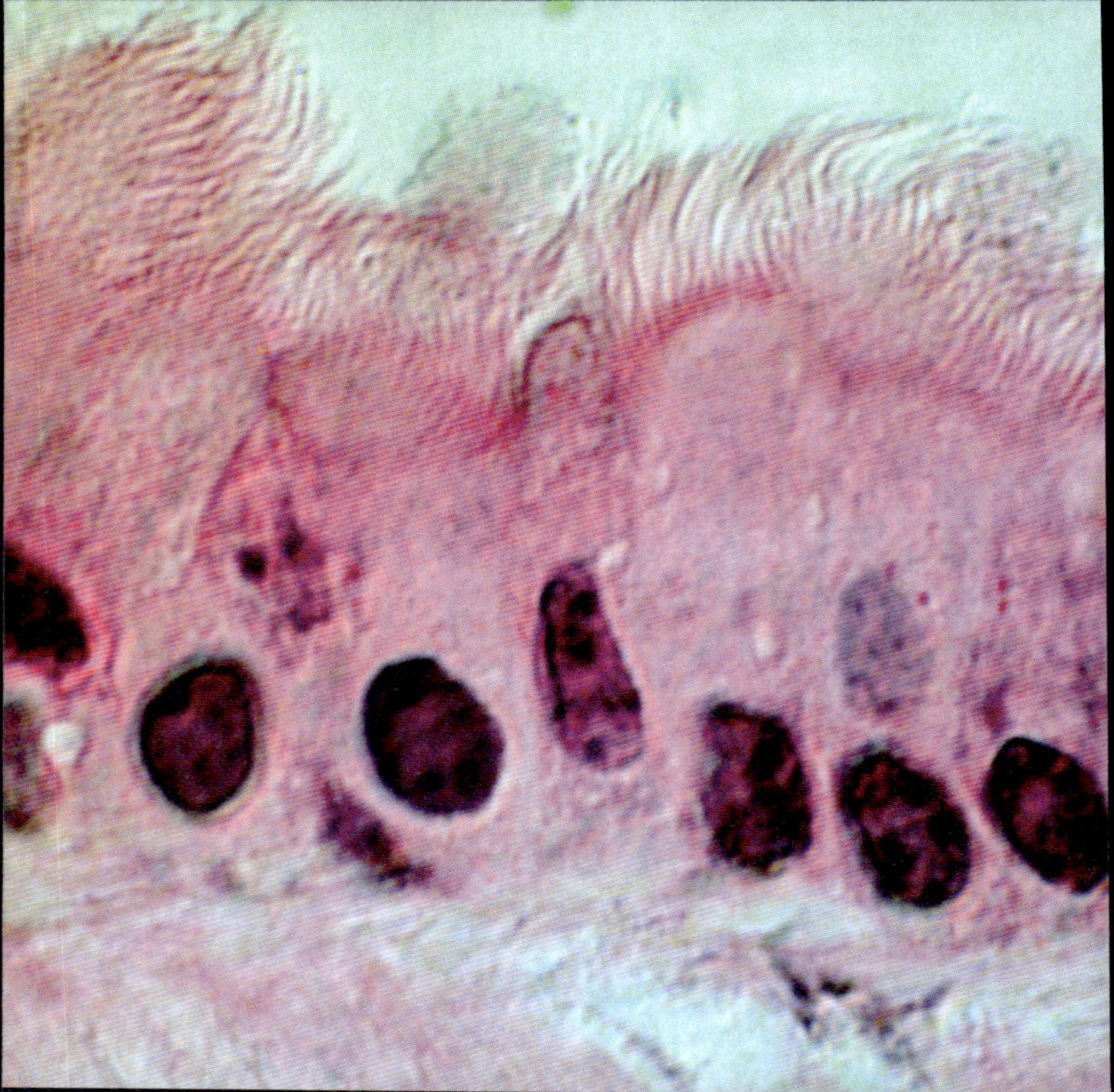

▲**肺の中の気管支の細胞**　気管支は線毛をもつ上皮細胞によって覆われています。線毛は、空気に混じって侵入した細菌やゴミなどを咽頭まで戻すように、同じ方向に向けてリズミカルに動いています。これによって異物が除去されます。

▶**気管支の線毛細胞の表面と断面**
気管支の上皮細胞の線毛が上の方で緑色やピンク色になっています。上皮細胞の本体は下の方で茶色に見えています。ここには見えていませんが、気管支には粘液を分泌鼻と口から幅広の管である咽頭に達すると、空気はここから前方の道である喉頭そして気管に入ります（後方は食道）。気管は二つに分かれて気管支となり、肺門から左右の肺に入ります。そして、さらに二つに枝分かれすることを繰り返し、一六回ほどの分岐で終末細気管支となり、この先に肺胞と呼ばれる小さな袋がついています。

喉頭を触ると硬く感じることからわかるように、気管支は外がわの壁は軟骨に囲まれていますが、後ろ側は食道と密着しているので、この部分は平滑筋《へいかつきん》でできています。

気管支の役割は、吸い込んだ空気と一緒に取り込まれたチリやほこり、細菌などの異物を除去し、肺を守ることです。そのため、気管支の内壁は粘液を分泌する上皮細胞が覆っており、免疫グロブリンを分泌して細菌などの感染を防いだり、表面に密生する線毛という細かい毛が藻のように喉頭に向かって揺れることで、粘液で吸着した異物を体外に追い出しています。この異物を追い出している現象の一つが、セキというわけです。

クシャミは、鼻の粘膜が刺激され、反射的に息を吐き出す現象です。これに対してセキは、鼻ではなく気管や気管支から起こる反応です。チリやほこりなどが線毛にキャッチされ、気管や気管支の粘膜が刺激されると、神経を介して横隔膜《おうかくまく》や肋間筋《ろっかんきん》が急激な収縮を起こします。このときに出るのがセキで、時速は約二〇〇キロメートルにも及びます。ですから近くでセキをしている人がいると、「あっ」という間に皆さんのところにまで異物が到達している可能性があります。それが風邪のウイルスであった場合は、うつってしまうかもしれません。

また、線毛に吸着したチリやほこりなどは、気道ではなく食道から胃に運ばれて消化されます。しかし、量が多いと粘液に包まれた状態で、痰《たん》となって口から吐き出されます。

気管支の刺激が一時的なものならよいのですが、長く続くと粘膜に炎症が起こり、気管支炎になることがあります。

人体図解を見ていると、左右の気管支が同じように描かれていることがあります。しかし、実際には気管支は左右で違っています。まず、右の気管支のほうが太く、左のほうが細くなっています。これは、心臓が左寄りにあるため肺の大きさも左右で違うからですが、気管支の角度も右は垂直に近く、左は水平に近くなっています。その理由は、心臓に出入りする大血管と心臓を乗り越えて左の肺とつながっているため、左の気管支は入口までの距離が遠くなり、水平に近い状態で走るようになるからです。

こうした構造の違いから、子どもや高齢者によく見られる誤嚥《ごえん》（誤って食物などが気管支に入って詰まること）も、太くて垂直に近い右の気管支で起こることが多いのです。つまり、右の気管支のほうが異物が入りやすい構造をしているということです。

# 肺
## ─ 血液をきれいにガス交換

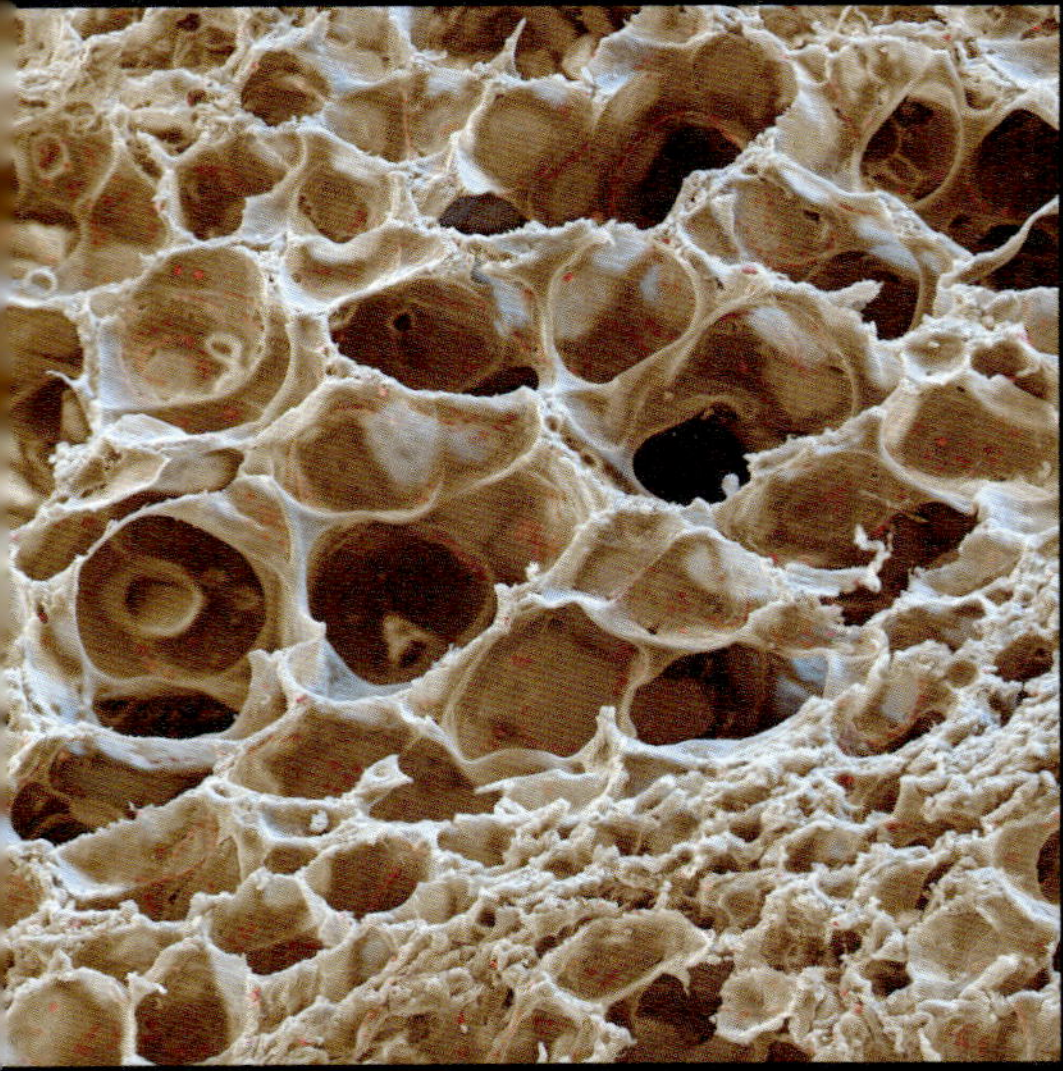

▲**肺胞の断面**　気管支の末端には、ブドウの房のような肺胞が無数についています。両肺の肺胞を合わせると、畳40畳近い広さになります。肺胞の壁には細い毛細血管が挟まっていて、空気と血液の接触面積を広くすることで、効率よく酸素と二酸化炭素が交換できます。

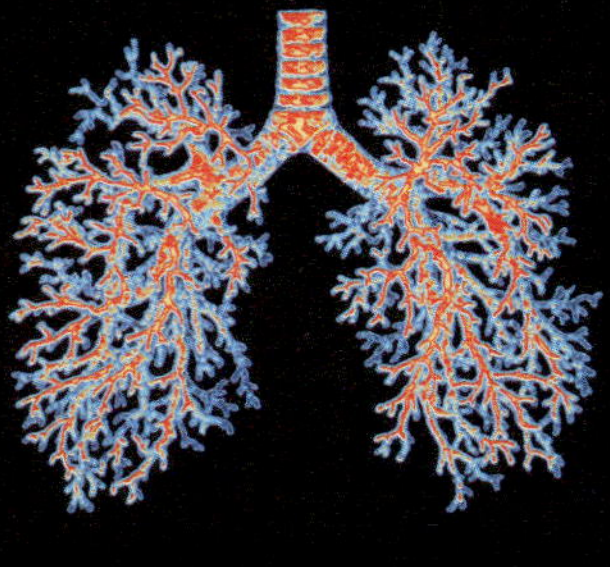

◀**肺の気管支樹**　肺の気管支に樹脂を流し込んで作製した鋳型を、コンピューターで加工した画像です。中央の気管が左右の主気管支に分かれ、肺に入って何度か分岐をして細い気管支に分かれるのが見えます。気管支はさらに分岐を繰り返して肺胞に達します。

▲**肺内の細気管支の内面**　細気管支の上皮は、線毛細胞（濃緑色）と線毛のないクララ細胞（淡紫色）からなります。クララ細胞から分泌された粘液（淡緑色）が上皮の表面に見えます。空気とともに肺に入った微粒子は、粘液に捉えられ、線毛の運動によって運ばれて肺から出されます。

息を吸うと胸が膨らみ、息を吐くと胸が平らになりますが、肺は自力で膨らんでいるわけではありません。外肋間筋という胸の筋肉や、横隔膜という胸とお腹の境目にある筋肉などの働きで、収縮したり拡張したりしています。そのため、肺と心臓を守っているカゴのような胸郭は、一二対の肋骨《ろっこつ》が後方では関節で脊椎《せきつい》と連結し、前方では軟骨で胸骨とつながり、肺を囲む空間をつくって膨らんだり縮んだりできる構造をしています。

肺の大きな役割は、吸い込んだ空気中の酸素と、全身を巡ってきた血液中の二酸化炭素を交換（ガス交換）し、血液をきれいにすることです。

心臓に戻ってきた二酸化炭素を多く含む静脈血は、肺動脈を通って肺に送られます。この血液に、空気から酸素を与え、代わりに二酸化炭素を回収します。酸素をたっぷり含んだ動脈血は肺静脈から心臓に戻り、全身の細胞に送り届けられます。このガス交換を行っているのが、気管支の末端についている肺胞という組織です。

肺胞は、ブドウの房のような形をしており、一個は数の子の粒よりも小さく、左右の肺で約三億個にも上ります。この肺胞で、どのようにガス交換を行っているかというと、血液中の赤血球に含まれるヘモグロビンというタンパク質が大役を果たしています。ヘモグロビンは、鉄を含んだ赤い色素（ヘム）とタンパク質（グロビン）からなる複合タンパク質です。

肺胞の壁は非常に薄く、酸素や二酸化炭素の気体分子は自由に通り抜けられる構造をしています。外がわには毛細血管が張り巡らされ、内部には空気だけが入っています。ヘモグロビンは、酸素と結びつく力が強く、酸素の濃いところでは酸素と結合しますが、酸素の薄いところでは酸素を放出する性質があります。この性質を利用して、毛細血管を流れる二酸化炭素を含んだ血液が、肺胞の中にある豊富な酸素と結合し、代わりに二酸化炭素を放出しています。こうして血液が肺胞を通り抜けるたびにガス交換を行い、生命が維持されています。

成人の場合、安静にしているときの呼吸数は平均で一分間に一六回です。一回の呼吸で取り入れる空気の量は約五〇〇ミリリットルですから、一日に約一万リットル以上の空気を取り入れていることになります。そうなると、呼吸の際にトラブルが発生することもあります。

何らかの原因で横隔膜が刺激されると、ケイレンが起きることがあります。この現象がシャックリで、胎児期の名残ともいわれています。

胎児は母親の胎内にいるときは羊水に浸かっていますが、羊水の中のゴミが鼻やノドに入ると、それを除去しなければなりません。このときに横隔膜がケイレンを起こし、ゴミを吸い込むと同時に肺に行かないように声帯を閉じます。この反射運動がシャックリで、その名残という説があるのです。

## コラム　遺伝は親から子に受け継がれる情報

私たちは顔形が母親と似ているとか、性格が父親とそっくりだとか、周りの人からいわれることがありますね。こうした個々の生物学的特徴を形質といい、親から子に情報として伝えられています。これを遺伝といいます。

人体は約三七兆個の細胞で構成されていますが、一つの細胞の中には二三対四六本の染色体があります。そのうち、二二対（四四本）は男女共通ですが、残りの一対は性染色体といって男性はXY、女性はXXという組み合わせになっています。この染色体が遺伝の担い手となって、精子と卵子の中の染色体に含まれる遺伝子によって、受精のときに両親から半分ずつ遺伝情報が伝えられています。

染色体は、DNA（デオキシリボ核酸）という化学物質でできており、それぞれの染色体の上には細胞の活動を支え、人体をつくるのに必要な設計図といわれる遺伝情報をもつ遺伝子が、一定の順番で規則正しく並んでいます。一つの染色体に並ぶ遺伝子の数は、数千個ともいわれています。そこには細胞に正常な活動をさせ、人間が生命を営むうえで必要なあらゆる情報が組み込まれています。たとえば、顔形や体型、体質、病気に対する免疫性なども、すべてがDNAによって決定づけられます。

かつてDNAは粒状と考えられていましたが、電子顕微鏡が発達して観察できるようになると、二重ラセンであることが判明しました。二重ラセンは、自己複製（同じ形質をもつ個体をつくる）が可能でタンパク質の合成にきわめて適した構造といわれ、時計とは逆方向に巻いています。

DNAは、リン酸とデオキシリボースという糖でできているねじれた鎖状のものに、塩基がたくさんついた構造をしています。そして、これと同じ構造のものがもう一本あり、この二本が絡み合ってラセンを構成しています。塩基は、アデニン（A）、グアニン（G）、チミン（T）、シトシン（C）の四つで、アデニンにはチミン、グアニンにはシトシンが結合します。この四つを組み合わせた塩基配列や鎖の長さは、指紋のようにヒトによって違うことから個人を識別する際に利用されたりしています。

ヒトゲノムという言葉を聞いたことがあると思いますが、すべての遺伝子をもった一セットの染色体をゲノムといい、人間のゲノムをヒトゲノムといいます。人間は二セットの染色体があるので二ゲノムをもっていることになり、一ゲノムは約三〇億の塩基対から成り立っています。

第3章

# 泌尿器

――体をきれいにするゴミ処理システム

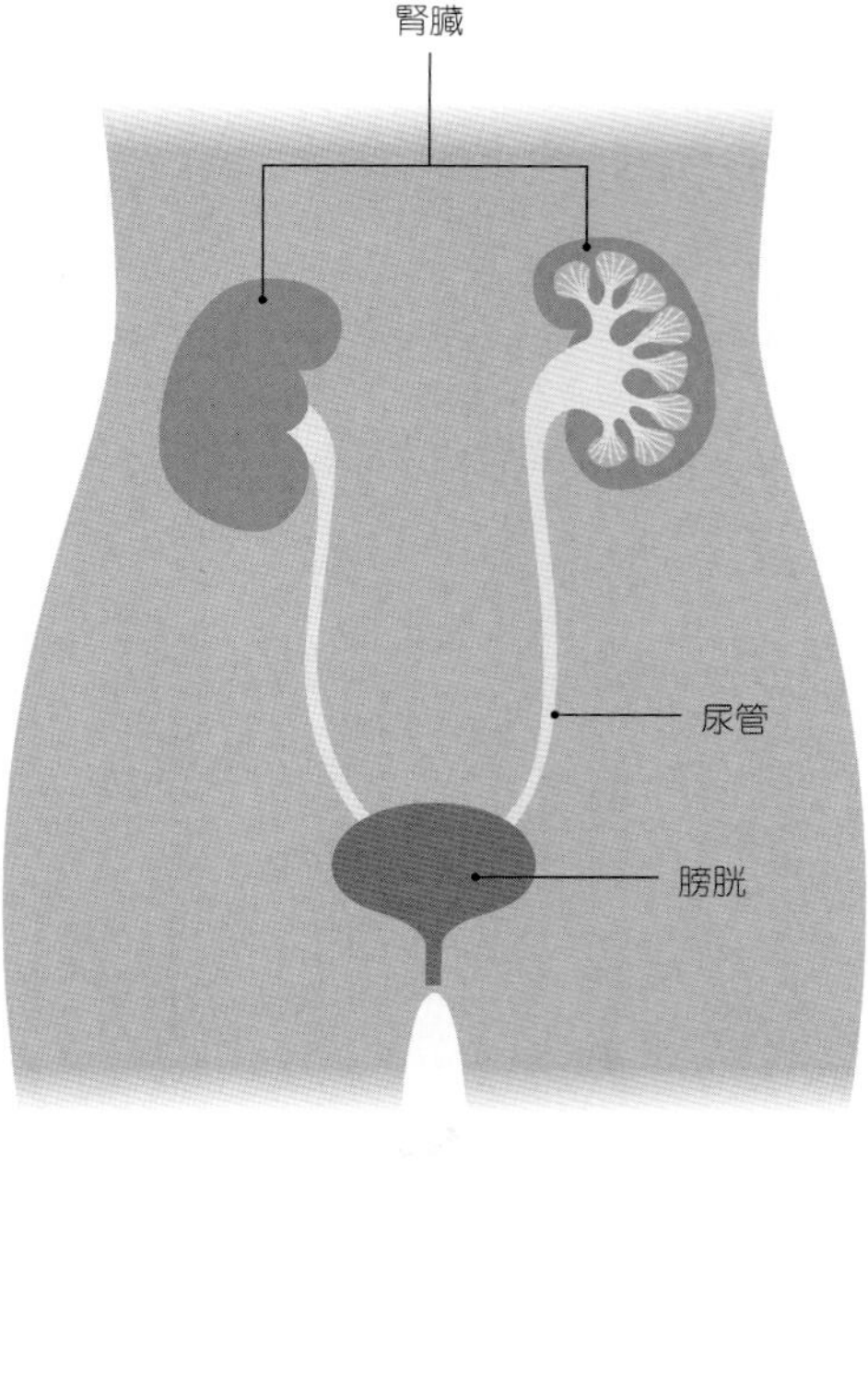

栄養でも空気でも取り入れる一方ではなく、不要になったものは必ず排出されます。出すことで、また新しく取り入れることができるのです。

体には排出する器官がいくつかあります。取り入れたもののうち固形物は肛門《こうもん》から便として排泄《はいせつ》し、水分は皮膚からも汗として出していますが、水分の大半は尿として排泄しています。それを担当しているのが泌尿器です。

泌尿器は、尿をつくり出して体外に排泄するために働いている器官で、尿が流れる通路という意味で「尿路」とも呼ばれています。これには、腎臓、尿管、膀胱《ぼうこう》、尿道が関わっています。

実際に尿をつくっているのが腎臓です。腎臓の糸球体《しきゅうたい》という部分で血液を濾過《ろか》して原尿がつくられた後、尿細管で再吸収をして成分が調整され、不要な成分を尿管に送り出し、これが膀胱に運ばれます。膀胱では尿を溜《た》めて一定の量（約一五〇ミリリットル）になると、私たちは尿意を感じるようになり、尿道を通して排泄しています。

腎臓には、一日に約一・五トンもの血液が送られていますが、ここから原尿になるのは約一六〇リットルで、実際に尿として排泄しているのは一日に約一・五リットルですから、ほとんどが再吸収されているのです。

# 腎臓

## ——脳や心臓よりも複雑ですごいしくみ

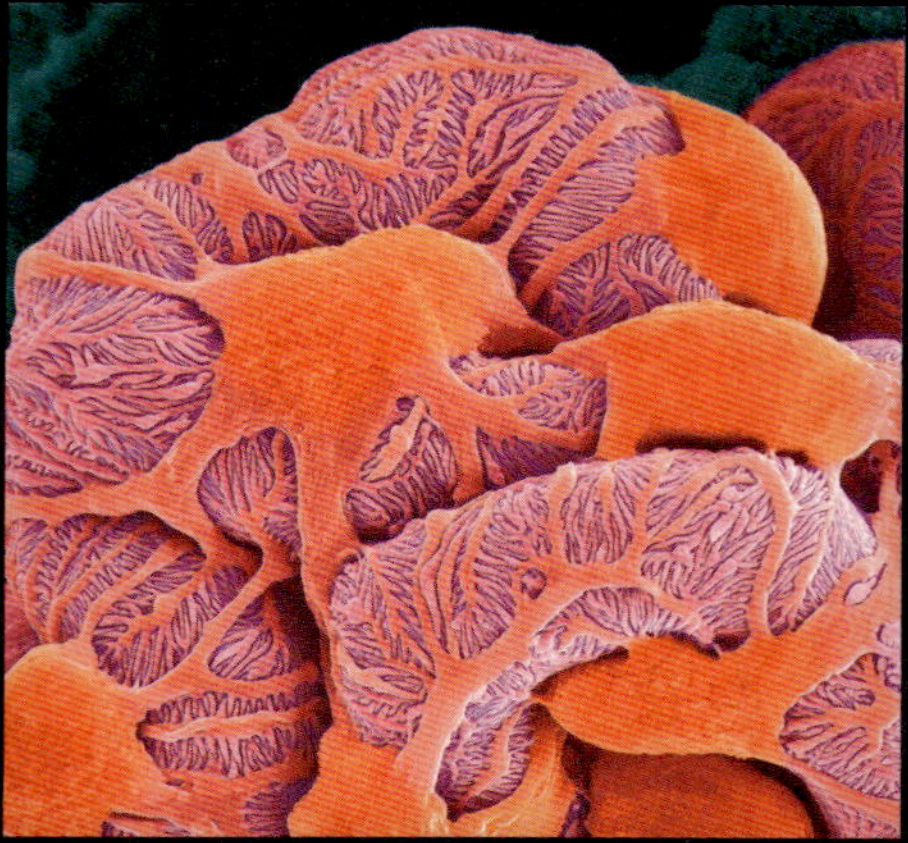

▲**糸球体表面の足細胞**　糸球体の表面は、足細胞という変わった形の細胞によって覆われています。足細胞は細胞体から太い突起を何本も出しており（赤色）、さらにそこから細かな足突起（ピンク色）をたくさん突き出しています。隣り合う足細胞からの足突起は、手の指を組むようにたがいに絡み合って、糸球体の表面全体を覆っています。足細胞は糸球体の構造を維持するとともに、血液から尿を濾過するのに大切な働きをしています。

▼**腎臓のスライス**　糸球体とそこに血液を送る血管が赤く見えています。丸い塊が糸球体で、細い毛細血管が絡み合ってできています。糸球体で血液から原尿が濾過されます。

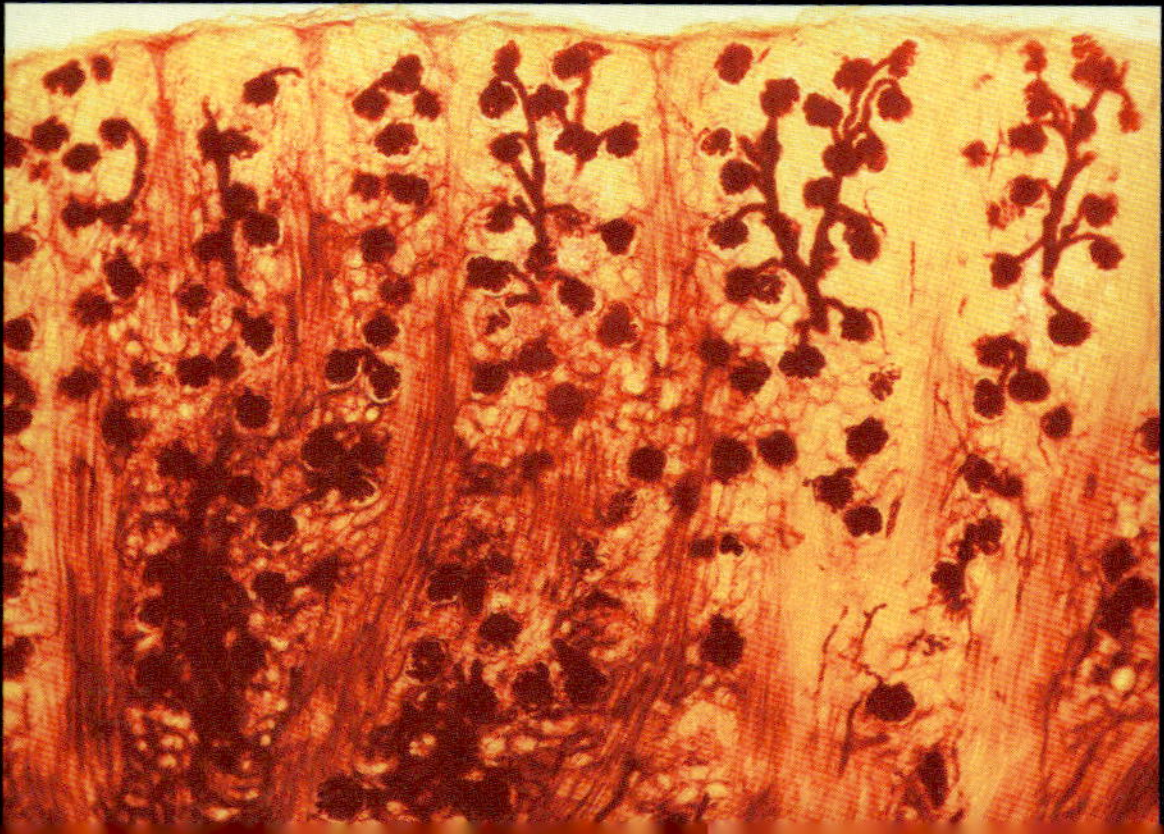

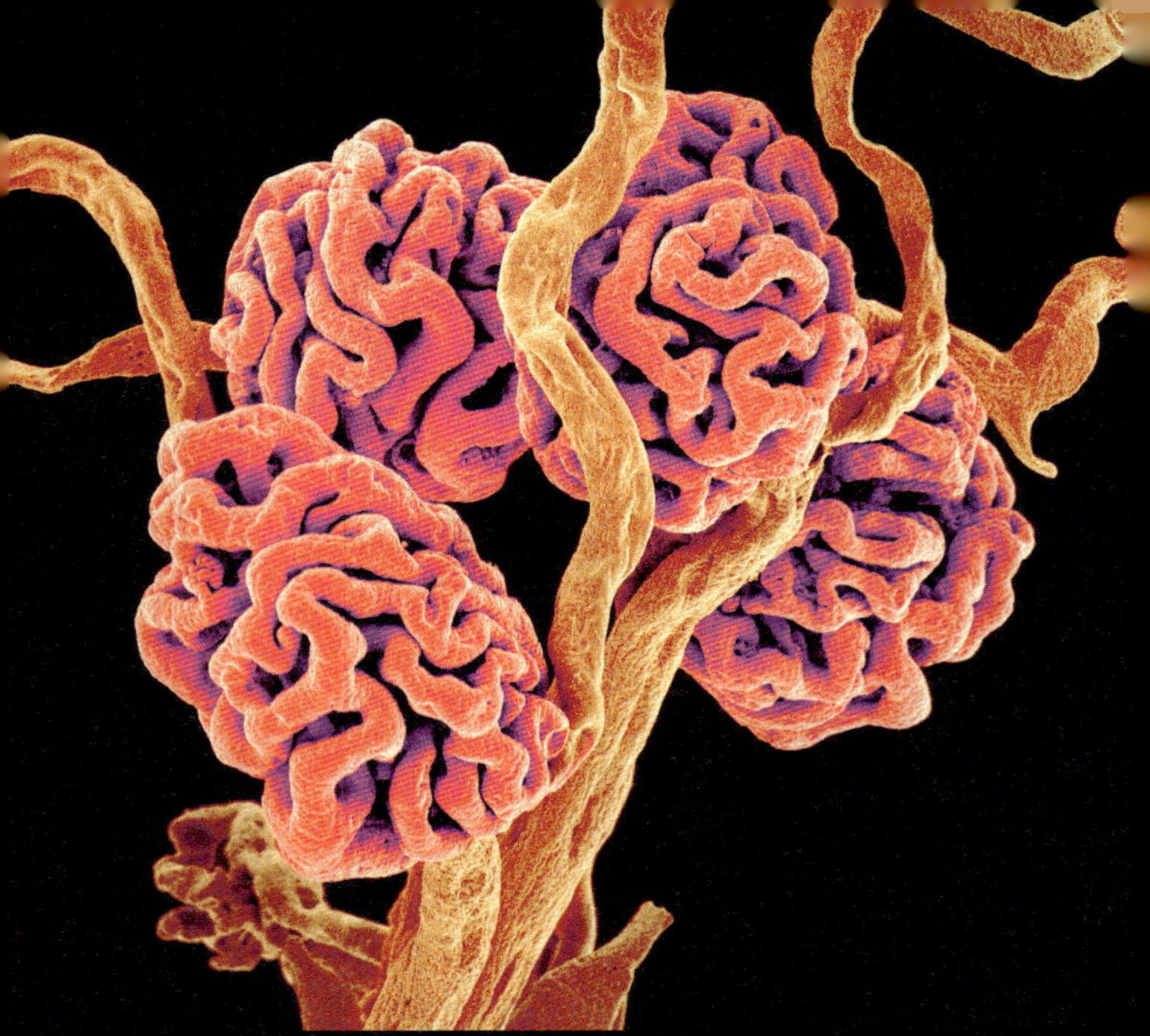

▲血管につながる糸球体　糸球体（赤色）とそこに血液を送る太い血管（オレンジ色）に樹脂を流し込んでその鋳型を見ています。糸球体では細い毛細血管がしっかりと巻かれて球体をつくっています。

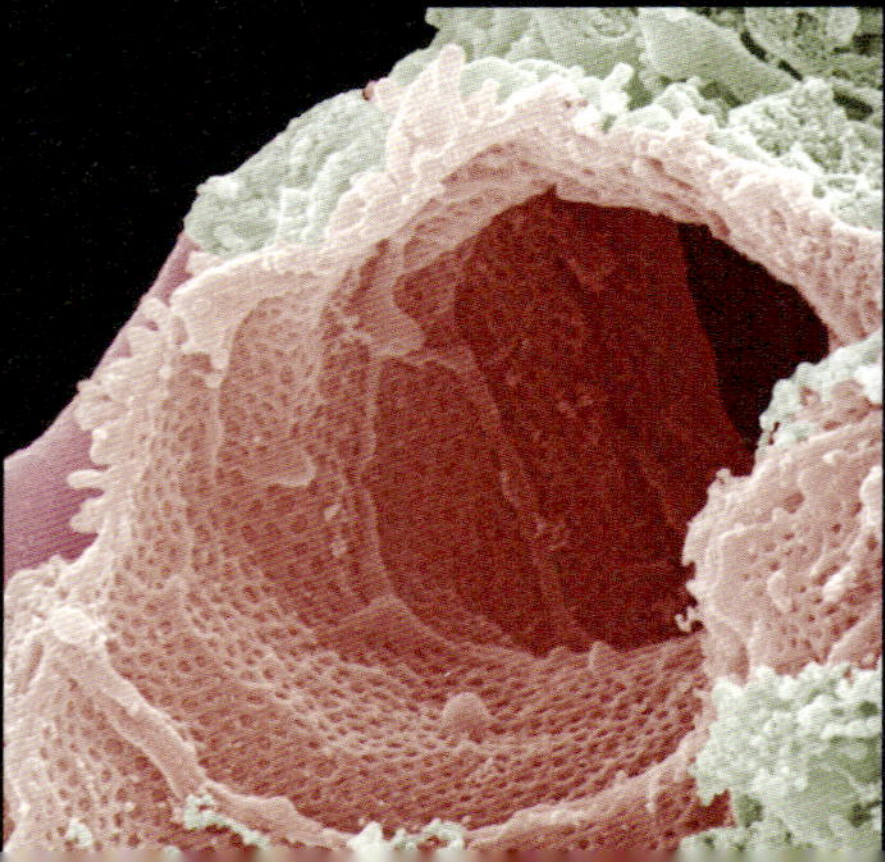

◀糸球体毛細血管の断面　糸球体毛細血管の壁は、薄いシート状で多数の孔のあいた内皮細胞からできています。この孔を通り抜けて、さらに基底膜と足細胞のフィルターを通って、水や小さな分子が濾過されて原尿がつくられます。

私たちは尿意を感じるとトイレに駆け込みますが、腎臓はそのときだけ尿をつくっているわけではなく、絶えずつくり続けています。

心臓から送られてきた血液の約四分の一は腎臓に運ばれています。しかし、その血液の水分（体液）には栄養素や塩分が溶け込んでいて、全身の細胞が生きていくためには、体液の量と成分を一定に保たなければなりません。体液にはその他に新陳代謝でつくり出された老廃物なども含まれています。

体液の量は循環する血液の量に関わっており、多すぎると高血圧になり、少なすぎると循環が滞ってしまいます。そこで、血液の一部を取り除いて尿として排出することで、体内の水分や塩分などの電解質のバランスを調節し、また余分なものを取り除いて体外に捨てるのが腎臓の役目です。

これによって血液成分は一定に保たれ、体内環境の恒常性が維持されているのです。つまり、何のために腎臓が尿をつくっているのかというと、全身の細胞が生きられる環境を整えるためであり、たんに体内で不要になったものを排出しているわけではないのです。

たとえば、皆さんが水やジュースを飲みすぎると、体内の水分量は多くなりますね。そうすると、余分な水分を捨てるために三〇分後にはトイレに行って排泄するというように、帳《ちょう》尻《じり》を合わせているのが腎臓なのです。

今度は逆に、運動をして汗をいっぱいかくと、体内の水分量は減ってしまいます。そういうときも塩分濃度が高くなる分、尿の量も少なくして塩分を多く含んだ濃い尿を少し出すように調節しています。こうして塩分が排泄されることで、体内の塩分濃度が下がるわけです。

さらに、塩辛いものを食べ過ぎると、体内の塩分濃度が高くなるため、体液の量を増やして薄めることで塩分濃度を一定に保ちます。しかし、体液が増えたことで体がむくんでしまったり、血液量が増えて血圧も高くなったりします。このようにして腎臓は、送られてきた血液をクリーニングして、きれいになった血液を心臓に戻し、体液の恒常性を保っています。

また、体液は弱アルカリ性に保たれることで生命活動がスムースに行われているのですが、この調節役も腎臓が担っています。血液中の酸性物質やアルカリ性物質が増えると、これらも尿として排泄しているのです。

このほか、腎臓に送られてくる血液が減ったときには、血圧を上げる働きをする酵素を分泌して腎臓に流れる血液を増やそうとしたり、造血を促すホルモンを分泌して、赤血球をつくっている骨髄《こつずい》（骨の中にある血液をつくっている組織）に働きかけるなど、体内の恒常性を保つために多彩な働きを黙々と行っています。

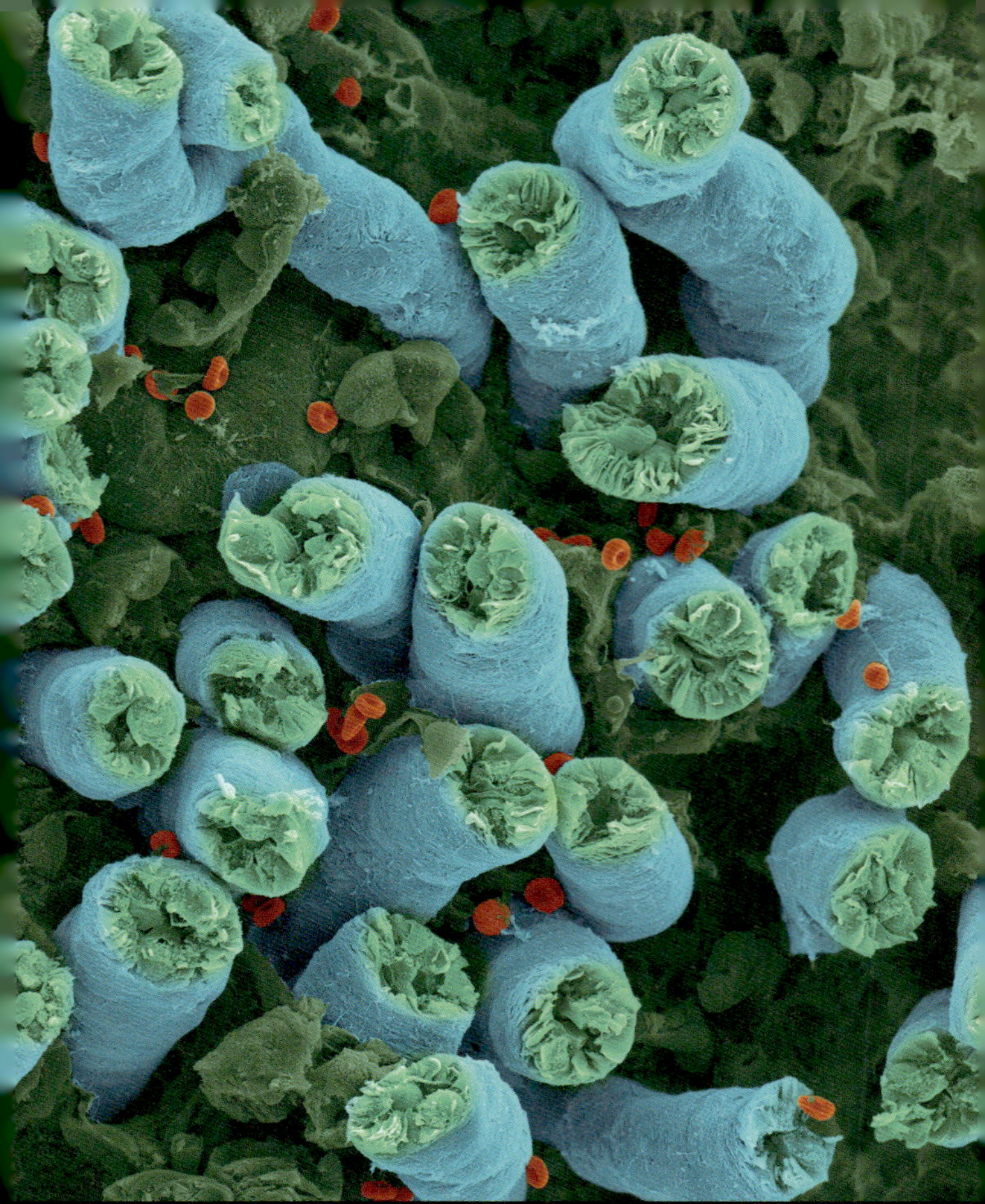

▲腎臓の断面に見える尿細管　糸球体で濾過された原尿は、尿細管によって運ばれ、大部分が再吸収されます。尿細管は腎臓の皮質と髄質を行き来しながら通り抜け、最終的に合流して集合管になり、髄質の先端から流れ出ていきます。尿細管の走り方は、皮質ではぐねぐねと迂曲し、髄質ではまっすぐに直走します。ここでは皮質の迂曲する尿細管（青色）が何本も見えています。

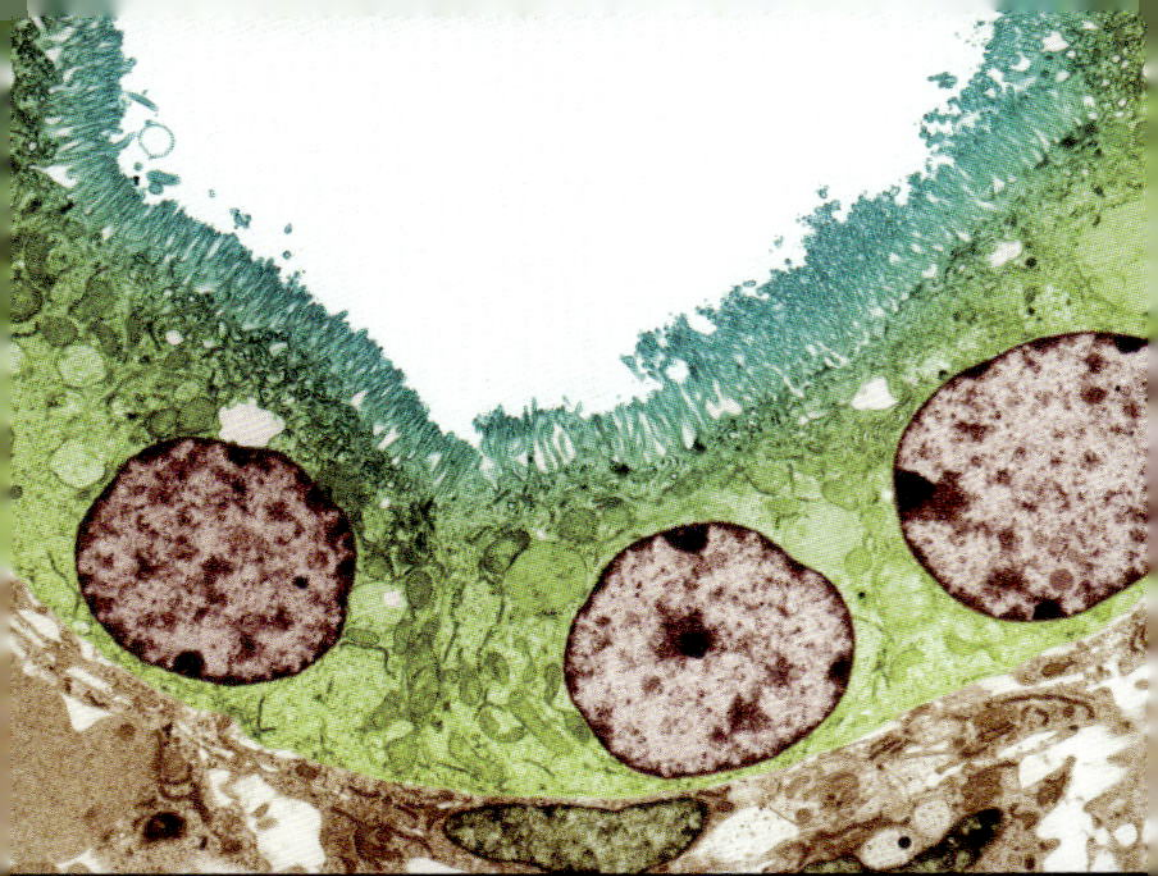

▲近位尿細管のスライス　近位尿細管は、糸球体に続く尿細管の最初の部分です。糸
球体で濾過されたばかりの原尿の中には、ブドウ糖やアミノ酸など身体に有用な物質
がたくさん含まれています。近位尿細管では原尿の液の大半を再吸収するとともに、
有用な物質をすべて再吸収して回収しています。中央上の内腔（白色）を上皮細胞
（黄緑色）がぐるっと取り囲み、細胞の表面には細かな細胞突起が生えそろって刷子
縁（青緑色）という縁取りをつくっています。細胞の中央に丸い細胞核（茶色）があ
り、ここに細胞の遺伝情報が含まれています。

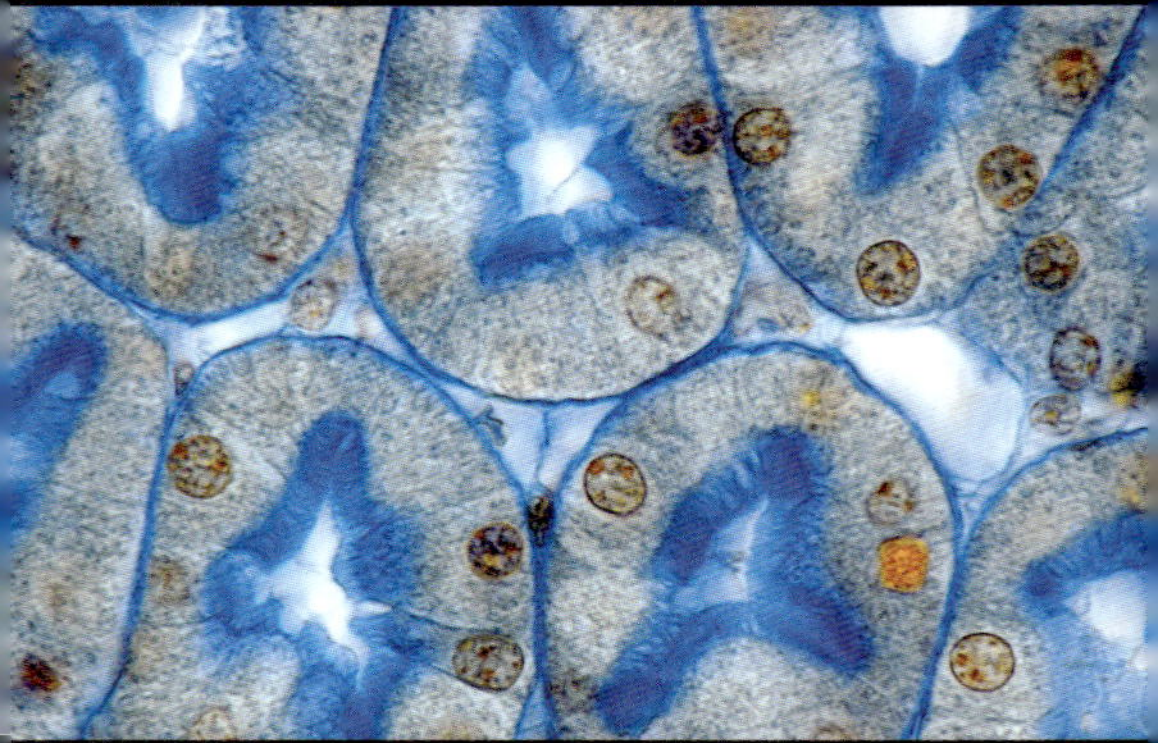

▲近位尿細管のスライス　何本もの近位尿細管が並んでいます。近位尿細管の内がわ
に見える刷子縁と、外がわを囲む１層の基底膜が青く染まっています。

## 複雑な構造をしている腎臓

腎臓は左右に一つずつあり、背骨の両側で後腹壁（腹腔《ふくくう》の奥の壁）の脂肪に埋まって固定されているソラマメの形をした臓器です。右側には大きな肝臓があるので、これに押されて右の腎臓は左の腎臓よりやや下に位置しています。

腎臓の構造は非常に複雑です。まず腎臓の入口を腎門《じんもん》といって、血液や尿はここから出入りしています。本体は、一番外がわを薄い被膜で覆われ、すぐ内がわには皮質、さらに奥には髄質という組織があります。皮質には糸球体という血液を濾過するフィルターがたくさん備わっており、髄質には尿を濃縮する仕掛けが施されています。これらが尿をつくる場所となります。つくられた尿は、腎杯《じんぱい》から腎盂《じんう》に集められた後、膀胱につながる尿管へと送られます。

尿をつくる装置は、糸球体と尿細管からできています。糸球体はボウマン嚢《のう》という袋に包まれ、これが尿細管につながっています。糸球体とボウマン嚢は合わせて腎小体《じんしょうたい》と呼ばれ、皮質の中にたくさん散らばっています。

腎臓に送られてきた血液から、糸球体で水分と小さな分子の成分がこしとられ、最初の尿である原尿がつくられます。ここには血液中の赤血球やタンパク質など分子の大きなものは含まれません。

尿細管は、文字通り細長く、皮質と髄質を行き来する管で、皮質ではくねくねと曲がりくねり、髄質ではまっすぐに走ります。尿細管には働きの異なる近位尿細管、遠位尿細管などの部分があり、合流して集合管になり、通り抜ける間に原尿の九九パーセントが再吸収されます。そして集合管が髄質を通り抜けるときに、周囲の高い浸透圧によって水分が引き抜かれて尿が濃縮されます。集合管より手前の部分をネフロンと呼びます。

浸透圧とは、濃度の低いほうから高いほうに物質が移動する現象のことをいいます。身近なところでは、水分の多いキュウリやダイコンなどの野菜に塩をまぶすと、野菜の水分が抜けて漬物ができますが、これもこの浸透圧を利用しています。

こうして濃縮された約一パーセントの尿が、腎杯から腎盂に集められて尿管へと流れます。大量の尿を糸球体で濾過して、その大部分を再吸収するのは一見して無駄なようですが、尿の量と成分を大幅かつ迅速に調節するのに役立ちます。またそれは腎臓の機能にとって余裕になっています。腎炎などでネフロンの一部が機能しなくなったとしても、残りがカバーしてくれますし、たとえ片方の腎臓を失っても生命を維持することができるのです。

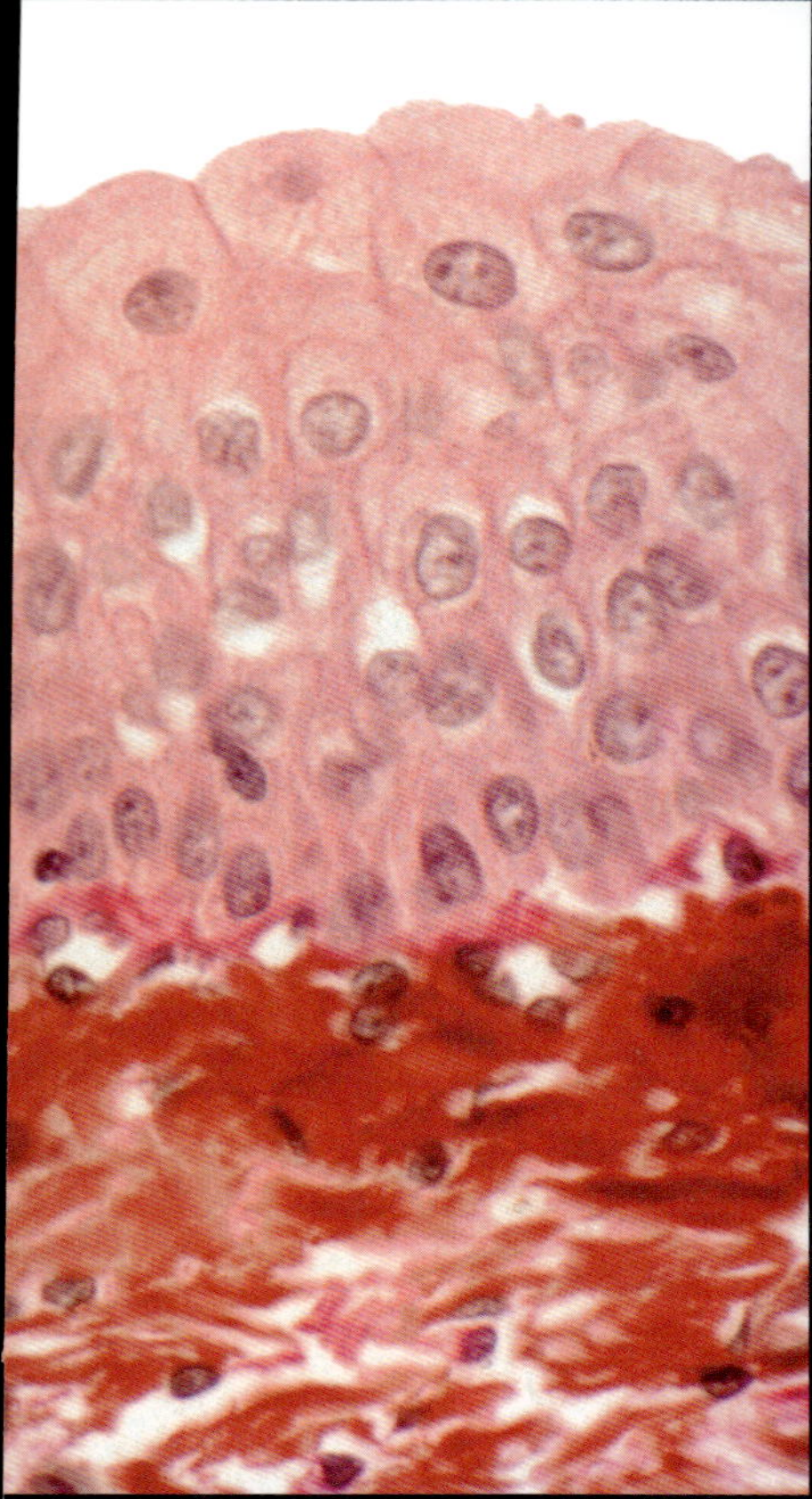

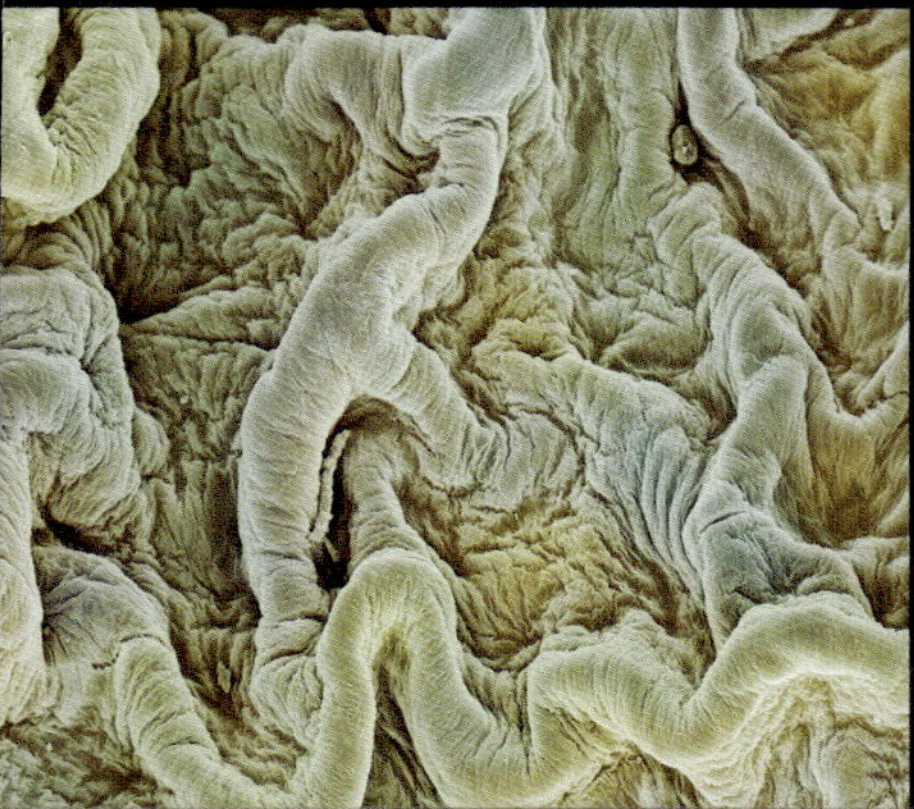

# 膀胱

——伸縮自在のタンク

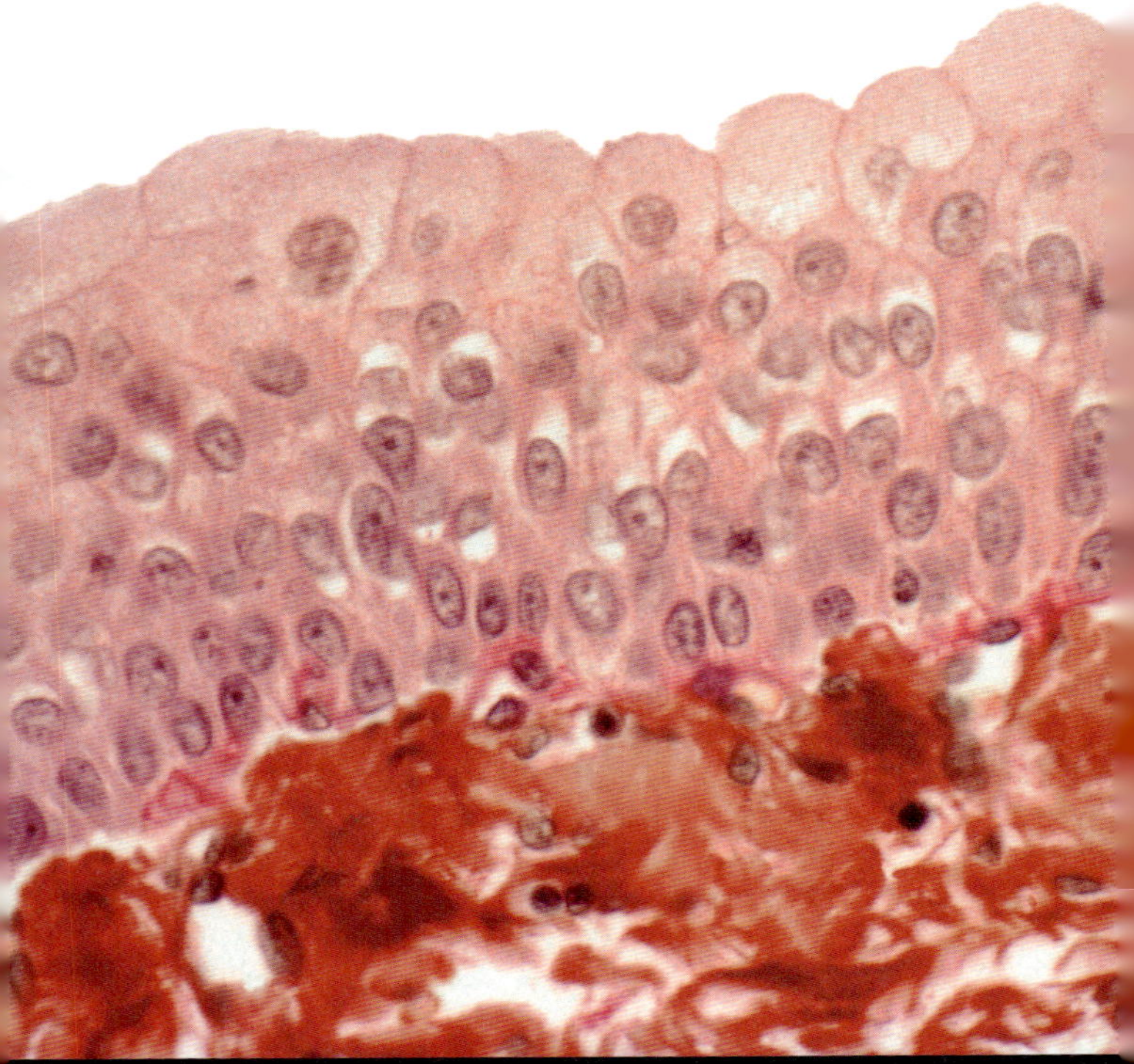

▲膀胱壁のスライス　膀胱の粘膜は移行上皮（ピンク色）の特殊な上皮細胞で覆われています。尿の量が多いときには横に引き伸ばされて高さが低く平らになります。ここでは尿が少ないときの膀胱壁が見えていて、上皮は横に縮んで縦に高くなっています。上皮の下には結合組織（赤色）が存在します。平滑筋は深部にあり、ここでは見えていません。

▶膀胱の内面　膀胱壁の一番内がわは粘膜で、外がわは尿を押し出すための平滑筋の層になっています。尿が少ないときには、粘膜にシワが寄って折りたたまれています。尿が溜まってくると粘膜は引き伸ばされてシワも消えてしまいます。

腎臓でつくられた尿は、タラタラと少しずつ尿管に入っていきます。尿管は、膀胱の後ろから斜めに壁をつらぬいて入ります。尿管は外膜・筋層・粘膜からなり、内壁の粘膜はヒダ状になっています。筋層の蠕動《ぜんどう》運動によって尿はゆっくりと膀胱に運ばれます。

膀胱壁の一番内がわも粘膜で覆われていますが、外がわは伸びたり縮んだりできるように平滑筋《へいかつきん》の層になっています。空っぽのときの膀胱壁の厚さは一センチほどですが、中に尿が溜まってくると引き伸ばされて三ミリくらいの薄さになります。そして、尿が二〇〇―三〇〇ミリリットルほど溜まってくると内圧が高くなり、尿意を感じるようになります。

しかし、尿意を感じても近くにトイレが見つからないときは、排尿を我慢しなければなりません。どうしてトイレを我慢したり、排尿をしたり、自分の意思でコントロールできるのでしょう。

その役割を果たしているのが、内尿道括約筋《かつやくきん》と外尿道括約筋という二種類の筋肉です。膀胱から尿道に続く出口には、自分の意思とは関係なく働く内尿道括約筋と、意思で働かせる外尿道括約筋があり、両者が緩むことで尿が尿道に流れ込んで排泄されます。

通常は、尿意を感じると膀胱が収縮すると同時に、出口の内尿道括約筋が緩みます。そして、自分の意思で外尿道括約筋を緩めて排泄しています。そこで、内尿道括約筋が緩んでも、外尿道括約筋を自分の意思で緩めなければ排尿はなく、我慢できるのです。ただ、それにも限界があり、膀胱の許容量は約六〇〇ミリリットルが限度です。

また、トイレに行ったばかりなのに、緊張するとまたトイレに行きたくなることがありますね。これは、緊張によって膀胱が収縮するからです。さらに、尿意を感じなかったのに、布団に入るとトイレに行きたくなることもあります。この場合は、横になったことで膀胱に圧力がかかって尿が出やすくなるからです。

尿道は、膀胱に蓄えた尿を体外に排泄するための通路です。男性の尿道は二〇―二三センチと長くてS字状をしているのに対し、女性の尿道は約四センチと短いうえに形もまっすぐです。そのため、女性は尿道口から細菌が入りやすく、膀胱炎などを起こしやすいうえに尿が漏れやすい構造になっています。とくに、出産によって骨盤底筋（膀胱と内臓を下から支えている筋肉）が緩んでしまうことがあり、そのために括約筋が閉まりにくくなって尿漏れを起こしやすくなることがあります。

だからといって男性のほうが優れているとはいえません。尿道が長くて曲がっている分、詰まりやすい構造をしています。男性の尿道は、前立腺《ぜんりつせん》をもち射精時には精液の通路にもなっているため、前立腺が肥大すると尿道を圧迫して尿が通りにくくなるのです。

## コラム　体を安定した状態に保つホルモン

私たちの体の状態は、内外の環境が変化しても、常に一定に保たれています。これを恒常性（ホメオスタシス）といいます。

ホメオスタシスを保つには、エネルギーが必要です。そこで私たちは、食物の栄養素からエネルギーを得ていますが、栄養素をエネルギーに変えることを代謝といいます。たとえば、糖分の代謝を糖代謝といい、これに異常が生じると血糖値が高くなって糖尿病になります。

また、ホメオスタシスを保つには、体のさまざまな細胞が協調して働くことも必要です。それぞれが勝手なことをしていたのでは、まとまりがつかなくなって体のバランスが崩れてしまうからです。

そこで、全身の細胞が協調して働くためには、器官や細胞組織の働きを整えるように、その働きを促したり、逆に抑制したりして調節するように情報を届ける必要があります。そのメッセンジャーの役目を果たしているのが、神経系と内分泌系の二つのルートです。

神経系は、神経経路を経て情報を届けています。内分泌系は、体のあちこちに存在する内分泌腺から分泌されるホルモンを、血液やリンパ液の流れに乗せて必要な器官に情報を届けています。神経系が瞬時に伝わるのに対して、内分泌系は作用するまでには時間を要しますが、微量で効果を発揮し、長時間持続するのが特徴です。

ホルモンと聞くと、皆さんは焼き肉のホルモンを思い浮かべるかもしれません。しかし、医学・生物学的にいうホルモンは、体のいろいろな機能を調節する物質のことを指します。

ホルモンは、血液やリンパ液を通して全身を巡りますが、すべての細胞に働きかけるわけではありません。現在、約一〇〇種類以上のホルモンが知られていますが、各ホルモンに反応するのは、そのホルモンに対する受容体をもっている細胞だけなのです。いわばホルモンは、内分泌の細胞から特定の臓器や器官の細胞に対してメッセージを伝える暗号です。そのため、専用の受容体をもっている細胞だけが解読できるわけです。

ホルモンを分泌している器官には、脳の視床下部《ししょうかぶ》や下垂体《かすいたい》、甲状腺《こうじょうせん》と副甲状腺、膵臓《すいぞう》（ランゲルハンス島）、副腎《ふくじん》、精巣（男性）、卵巣（女性）などがあります。たとえば、血糖値が上がったときには、膵臓からインスリンというホルモンを分泌して血糖値を下げるように調節しています。このようにしてホルモンは、体の状態に変化があると、元の状態に戻そうと働いてホメオスタシスを保っています。

第4章

# 生殖器

生命を誕生させて次につなぐ

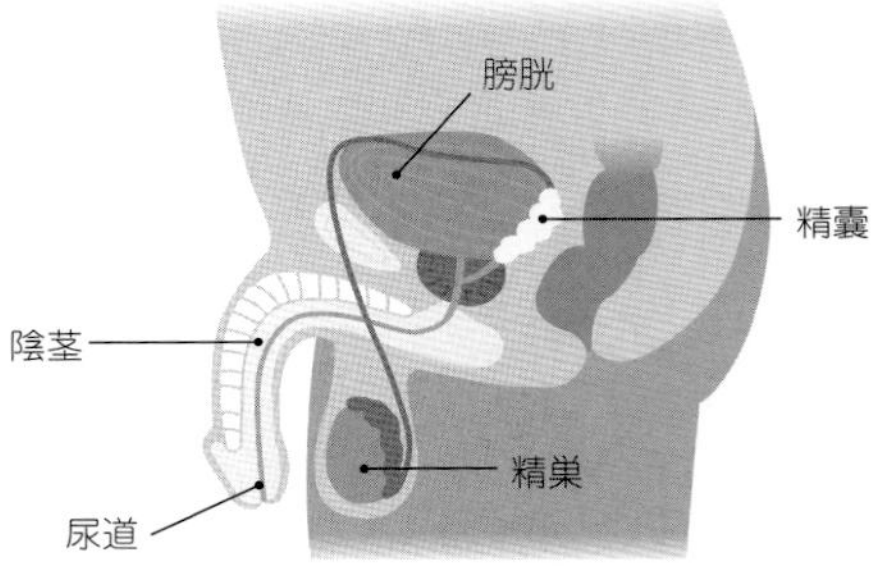


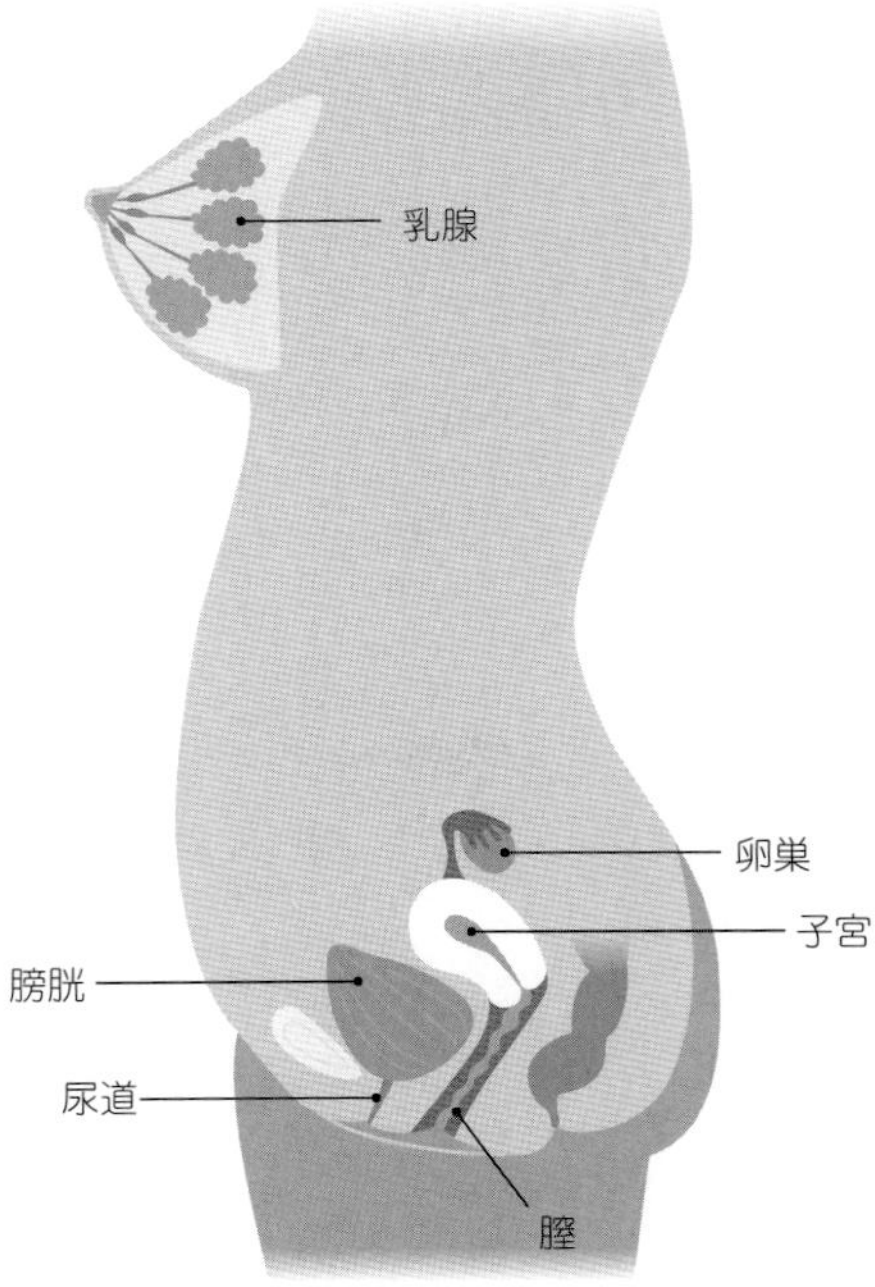

私たちが存在しているのは、両親がいて、祖父母がいて、曽祖父母がいるからです。生命のタスキともいえる遺伝子が受け継がれているのです。

すべての生物は、限られた寿命をもっています。しかし、個人の寿命を超えて「種」を存続させるために、生物は生殖を行っています。こうして人類が誕生して以来、人間は地球に存在し続けているのです。

その生命の源をつくり出しているのが生殖器です。男性と女性では生殖器の構造も機能も異なります。男性の場合は、陰茎、陰嚢《いんのう》などの外性器と、精巣（睾丸《こうがん》）、精巣上体（副睾丸）、精管、精嚢《せいのう》、射精管、前立腺《ぜんりつせん》などの内性器からなっています。これらは、生殖のために精子をつくって送り出すことが役割となっています。

これに対して女性の場合は、生殖器の大部分が骨盤の中に収まっており、陰核、膣前庭《ちつぜんてい》、小陰唇《しょういんしん》、大陰唇の外性器（外陰部）と、子宮、卵巣、膣の内性器からなっています。これらは、卵子をつくって受精させ、それを育《はぐく》んで生命を誕生させることが役割となっています。

そして、射精によって大量に放出された精子の中から、たった一つの精子と卵子が出会って受精し、受精卵が盛んに分裂・発育を繰り返しながら子宮腔《しきゅうくう》に向かって移動していき、無事に子宮内膜にたどりつく（着床）と、妊娠が成立します。

# 精巣――なぜ精子は大量につくられるのか

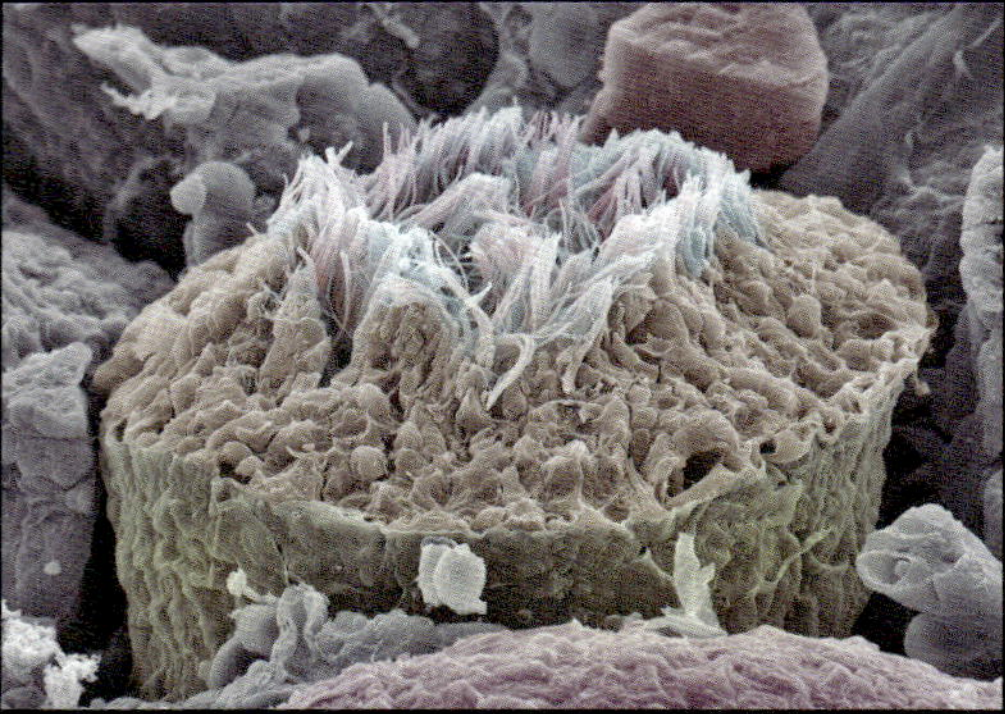

▲**精巣の中の精細管**　精細管は精子をつくる場所で、中心にできあがった精子（水色とピンク色）が見えます。精細管の壁（茶色）には２種類の細胞があります。１つは精子に栄養を与えるセルトリ細胞です。もう１つは精子を生み出す細胞で、細胞分裂を繰り返しながら一部が分化をして精子に変わっていきます。精細管の外面を包む基底膜（緑色）も見えます。

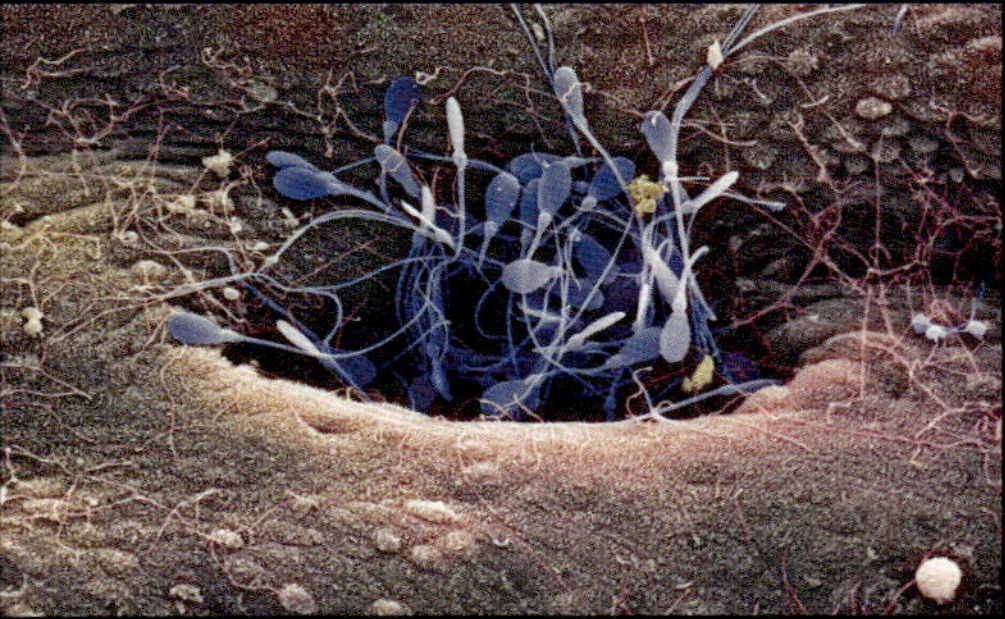

▲**精子の旅立ち**　精細管でつくられた精子が精巣の中心部の精巣網に集まり、そこから出ていこうとするところが見えています。精巣網から出た精子は、精巣輸出管という多数の管を通って精巣の上の精巣上体に入り、ここで成熟して運動能力と受精能力を獲得します。それから精管を通って長々と旅をして、膀胱の下で尿道に注ぎ、精液の中に含まれて送り出されていくのです。

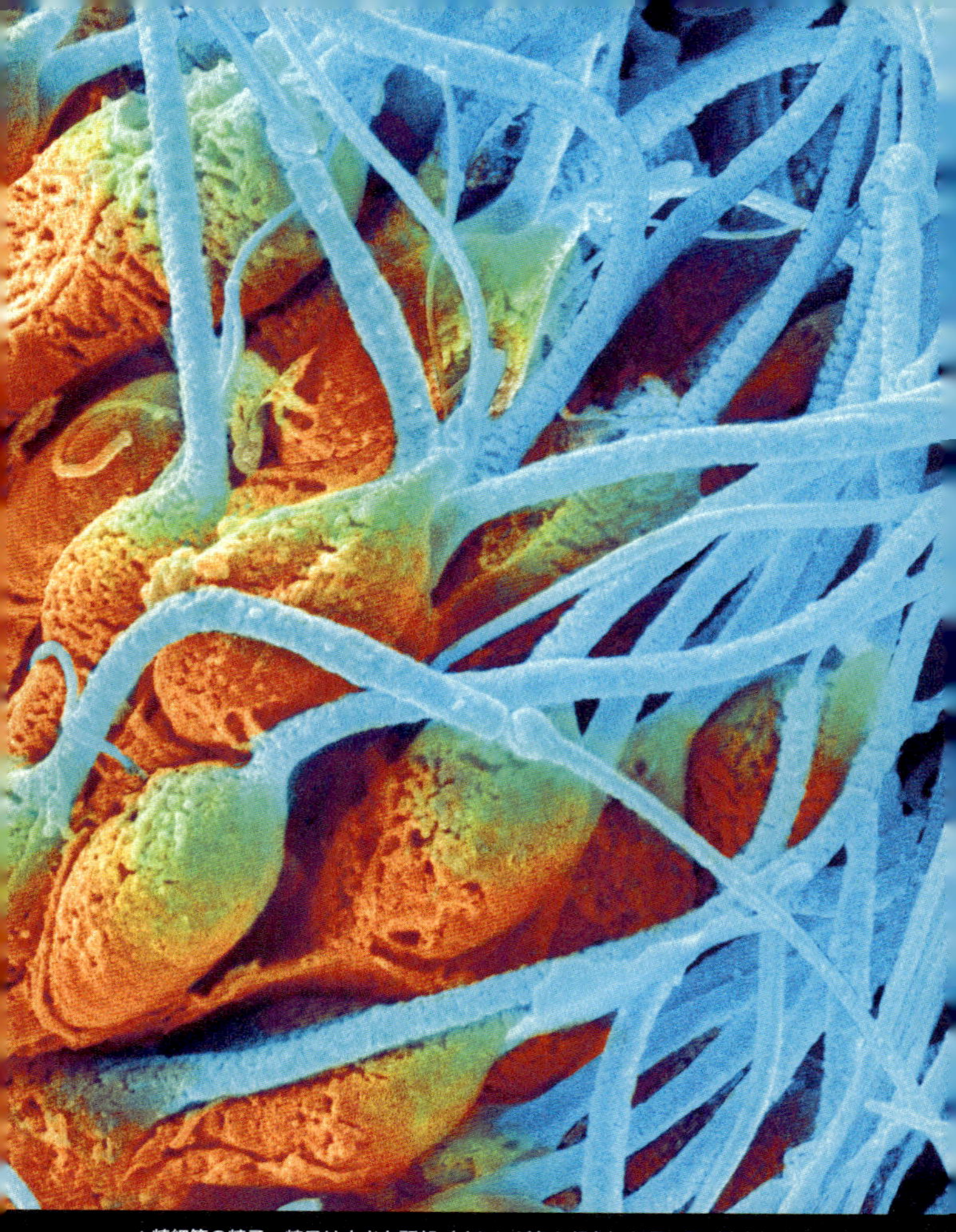

▲**精細管の精子**　精子は小さな頭部（オレンジ色と緑色）と長い尾（水色）をもつ変わった形の細胞です。頭部は栄養を得るためにセルトリ細胞にくっついています。精子の頭部には、卵子に進入する際に卵膜を溶かす酵素や、受精するための DNA が含まれます。尾は精子が泳ぐための推進力を発揮します。

新たな生命を誕生させるには、男性の精子と女性の卵子が出会わなければなりません。そのための精子をつくり男性ホルモンを分泌する役目を担っているのが精巣です。人間を含めた哺乳類の精巣は、硬くて丸い形をしているので睾丸とも呼ばれています。

精巣は左右に一つずつあり、陰嚢という袋の中に、精巣上体とともに収まっています。精巣の表面は結合組織の強い被膜で包まれ、中は小室に分かれていて、それぞれに一メートルほどの精細管という細い管がぎっしりと詰まっています。そして、これらは精巣の中心部の精巣網という組織につながっています。

精細管の壁には精子のもととなる精細胞と、それに栄養を与えるセルトリ細胞があります。精細管の間には男性ホルモンを分泌する間細胞があります。精細胞は、胎児期には精子のもととなる原始生殖細胞として冬眠していたもので、思春期を迎えて男性ホルモンの刺激を受けると分裂を繰り返して精子になります。それから精巣上体に送られ、二週間ほど蓄えられながら成熟していきます。

じつは、出来上がったばかりの精子は泳ぐことができません。精巣から輸精路の精巣上体に送られ、ここで遊泳できるようになって受精能力を獲得します。輸精路の中では数週間も生きられる精子ですが、射精されて体外に出ると二四—四八時間しか生きられません。それは、熱に弱いからです。

男性なら一度は経験があると思いますが、何かの拍子に精巣をぶつけると飛び上がるほど激しい痛みに襲われますね。精子をつくる大事な器官なのですから、体内に収めていたほうが安全なうえ、痛い思いをしなくても済みます。

ところが、精子が発育する適温は三七度よりも低く、温度が高くなると精子は形成されにくくなります。つまり、精巣を冷やす必要があるので、体の外に出して冷やしているのです。

そのため、胎児のときにはお腹の中にあるのに、生後一カ月頃には陰嚢内に下りてきます。陰嚢の皮下には平滑筋《へいかつきん》があり、衝撃などから守るとともに、気温が高いときには伸び、低いときには縮んで表面積を変えることで、精子が一定の温度を保つように体温調節していきます。陰嚢にシワが寄っているのは、こうした理由があったのです。これによって精子が発育しやすい環境を整えているわけです。

こうして、精巣でつくられた精子は、射精したら一―二日の間に受精しなければなりません。しかし、女性の膣に射出されても、子宮の中の粘膜や白血球などに妨害され、多くの精子は死んでしまいます。ですから受精の確率を高めるために、大量の精子がつくられていると考えられています。

いています。海綿体の外壁の被膜（赤紫色）は丈夫な結合組織でできていて、内部は細かい結合組織の網目で仕切られたスポンジ状で、隙間に血液を蓄えます。勃起時にはここに血液が流入して、海綿体が大きく膨れます。

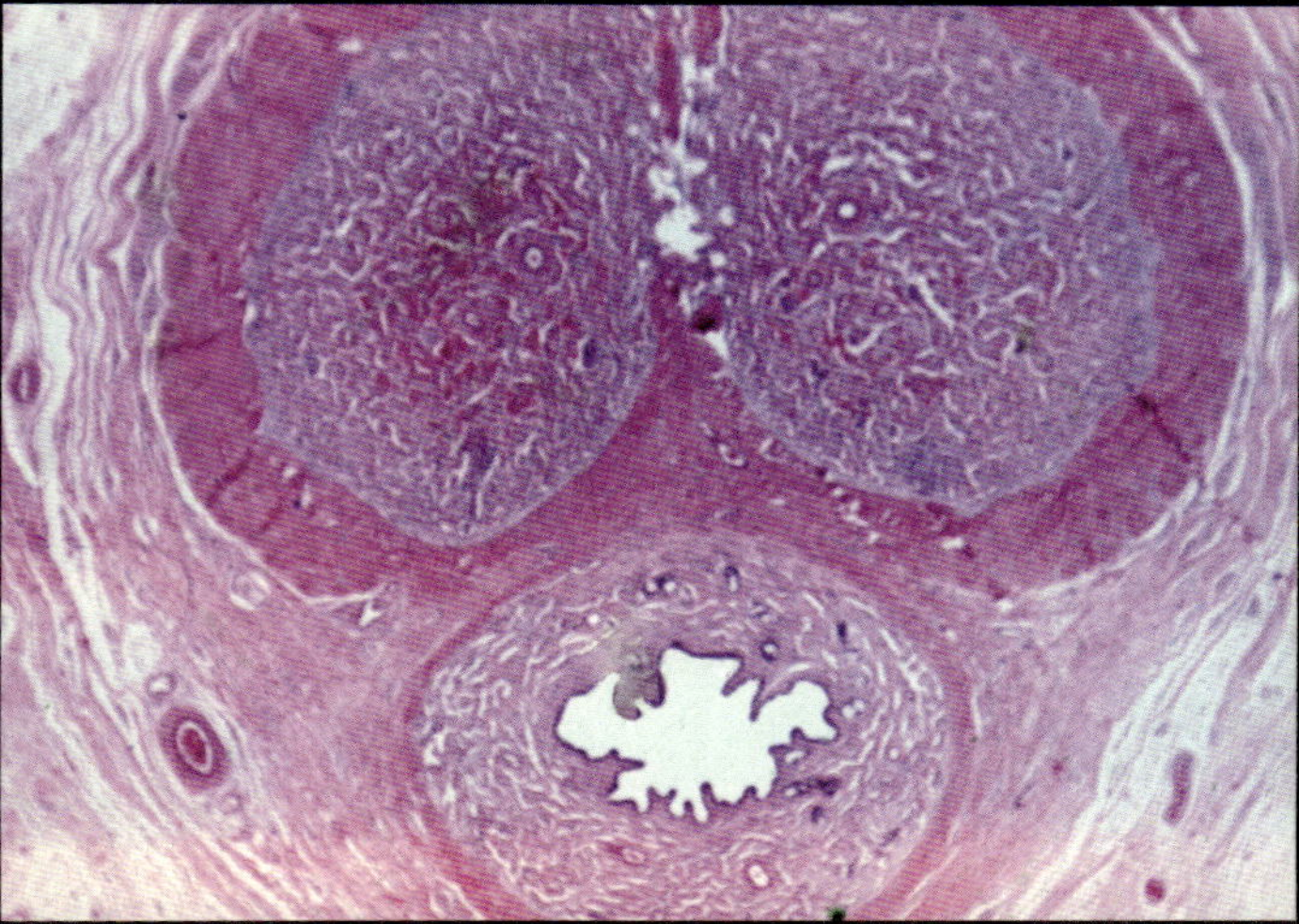

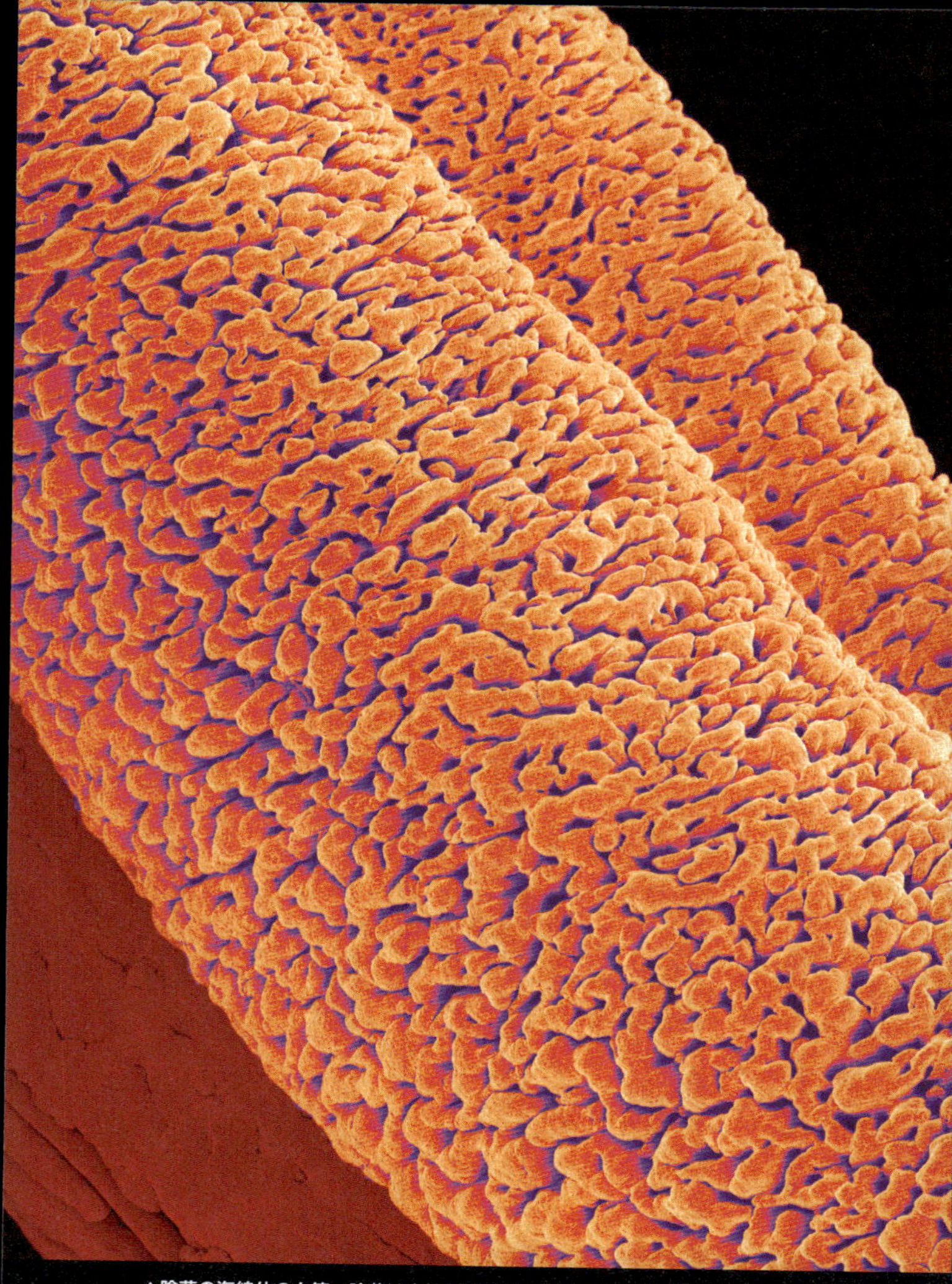

▲陰茎の海綿体の血管　陰茎は交接器であり、海綿体というスポンジのような血管の集まりからできています。陰茎には、下面にある１本の尿道海綿体と、本体をつくる２本の陰茎海綿体があります。写真は陰茎海綿体で、勃起時にはここに多量の血液が充満して膨張し、長くなります。

精巣でつくられた精子は、海綿体からなる陰茎から射精されますが、精巣と陰茎は隣り合ってはいるものの、その道のりは意外と遠いのです。

まず、精子は一メートルほどのくねくねと曲がった精細管でつくられ、精巣上体に出されます。精巣上体は精巣の上にあり、後ろのほうでしだいに細くなり、精管という一本の管につながっています。この精管の中を精子は尿道に向かって泳ぐのですが、途中で鼡径管《そけいかん》（太ももの付け根の内がわにある）というトンネルを通ってお腹の中に入っていきます。さらに、膀胱《ぼうこう》の後ろを通って膀胱の下に潜り、その下につながる尿道に入ります。この長い精管を、精子は泳ぎ続けるということです。

生殖の中心となっている交接器である陰茎は、中に尿道も通っていて排尿のための器官でもあります。柱状の陰茎体と、その先端の亀頭《きとう》からなる陰茎の内部には左右一対の陰茎海綿体と、尿道を囲む一本の尿道海綿体があり、その表面は、丈夫な結合組織に覆われています。スポンジ状をした海綿体の隙間《すきま》は、血液を蓄える静脈洞という小さな孔《あな》になっており、中央部には陰茎深動脈が走っています。

性交のときは、静脈洞の小さな孔に海綿体の内部にある動脈から多量の血液が送られて張り詰めた状態になります。これが勃起《ぼっき》という現象です。さらに性的興奮が高まると、尿道括《かっ》約筋《やくきん》や周囲の筋肉が収縮し、その圧力によって精液が前立腺部から尿道口へと急激に押し出されます。これが射精という現象です。

このように、尿道は精液と尿の通り道になっていますが、射精するときは膀胱の出口にある括約筋が締まっているので尿が出ることはありません。

多くの人は、陰茎にも骨や筋肉が備わっていると思うかも知れませんが、海綿体と血管で構成された器官なのです。

また、性交のためには、亀頭を濡《ぬ》らして滑らかにする必要があります。そのための液も備わっていて、尿道球腺から分泌されています。この腺は、膀胱から出た尿道が、前立腺をつらぬいたすぐ下にあります。

前立腺というと、年をとるとなりやすい前立腺肥大症で知られていますが、精液の一部となる前立腺液を分泌している器官です。尿道を取り囲んでいて、栗《くり》の実ほどの大きさをしており、弱酸性の液をつくって精液とともに射精されています。前立腺液は、精子の生命力を高める働きをしています。

年を重ねると、前立腺が大きくなって中を通る尿道を圧迫し、尿の出が悪くなります。これが前立腺肥大症で、ホルモンバランスが崩れることが原因とされています。

# 卵巣――卵子ができるまで

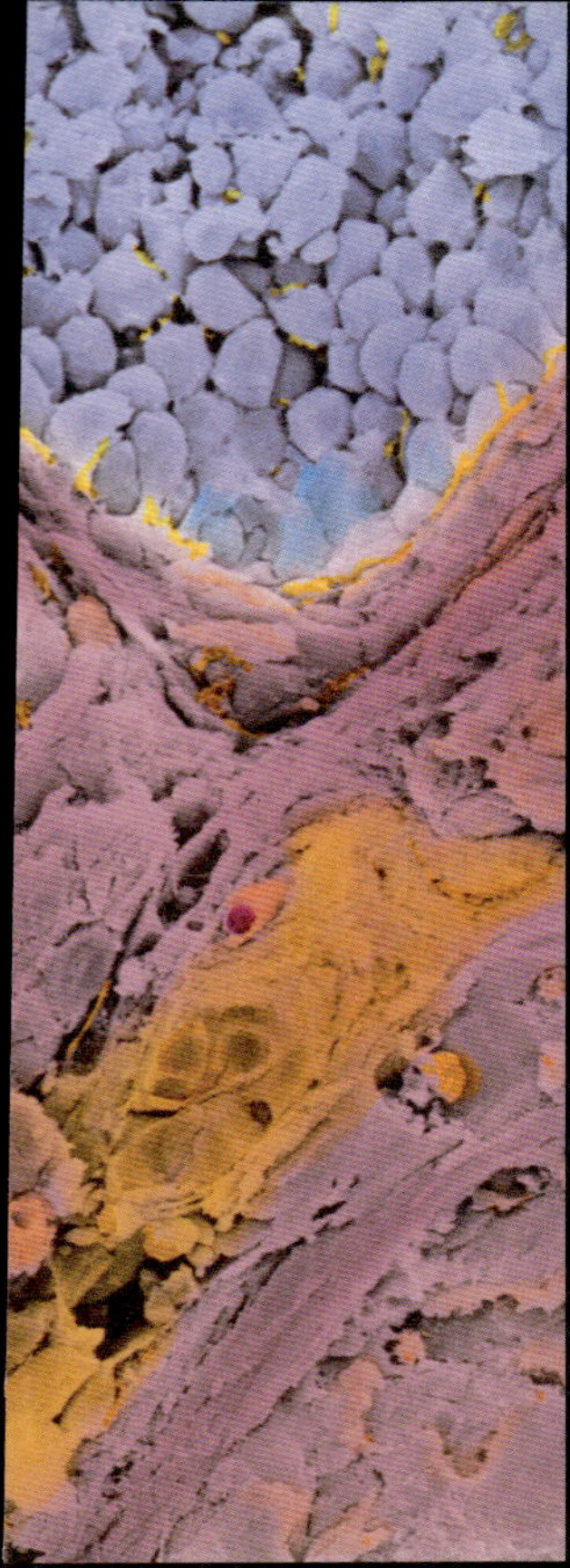

◀**卵巣の二次卵胞**　卵子のもとになる卵細胞は、卵胞という1層の上皮の袋に収められていますが、成熟を始めると上皮細胞が分裂して多層の顆粒膜になり一次卵胞となって、周囲の結合組織が卵胞膜をつくり、女性ホルモンを産生します。さらに上皮の内部に液が分泌されて腔所をもち二次卵胞となります。写真の二次卵胞では中央の卵細胞（オレンジ色）の周囲を顆粒膜の細胞（青色）が包み、その内部の右寄りに液を含む腔所ができています。顆粒膜の周囲の結合組織（ピンク色）の一部が卵胞膜です。

▶**成熟した卵胞**　成熟した卵胞は、大きな卵胞腔（中央の白色）をもつグラーフ卵胞になります。卵胞腔の上の盛り上がりの中に楕円形の卵子（ピンク色）が見えます。排卵の際には、卵子が卵胞から送り出されます。

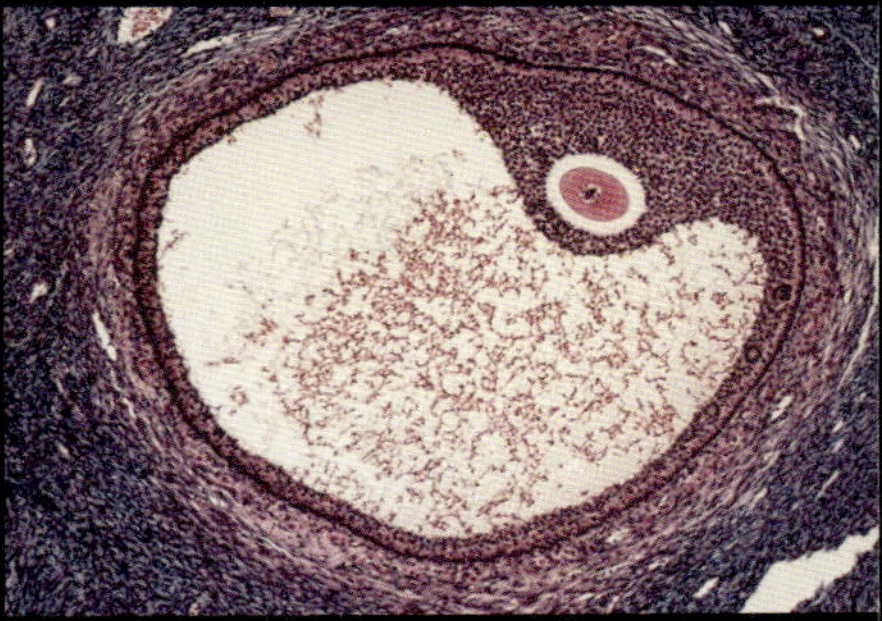

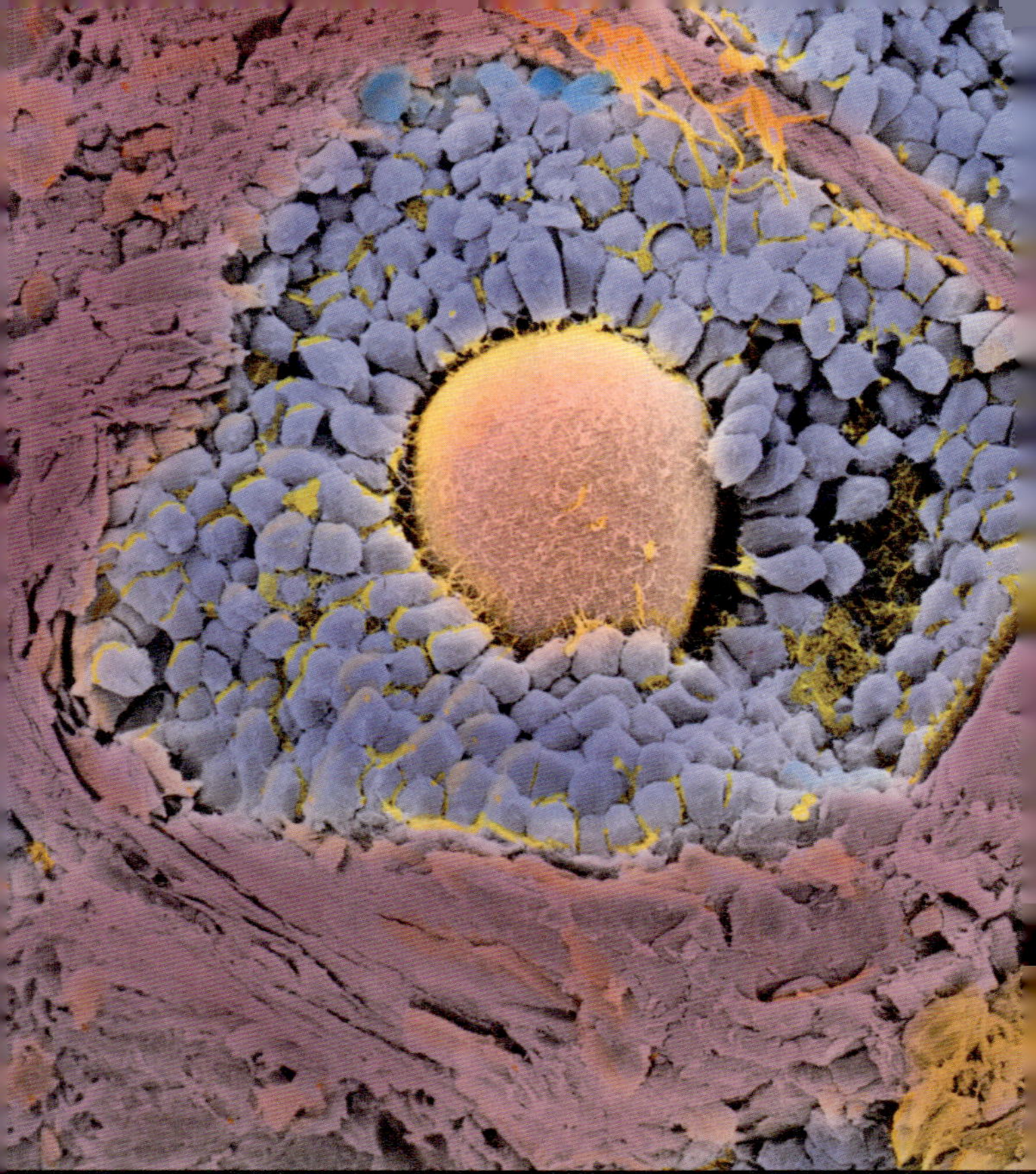

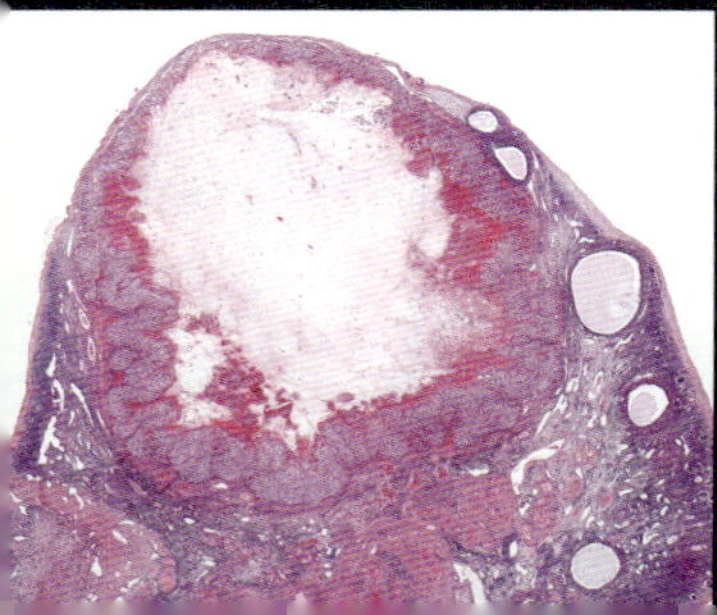

◀**排卵後の卵巣**　成熟したグラーフ卵胞は、卵巣の表面から卵子を排卵した後、卵胞の窪みに線維状の物質と液が溜まり（中央の白色）、それを卵胞から由来する黄体細胞（赤紫色）が囲んで、黄体を形成します。黄体細胞はプロゲステロンとエストロゲンという女性ホルモンを分泌して、子宮の粘膜が受精卵を受け入れるように維持します。卵子と精子が出会って受精し、妊娠が成立すると黄体は機能し続けますが、妊娠しなかったときには退化して白体という瘢痕組織になります。

男性では精巣で精子や男性ホルモンをつくっているのに対し、女性では卵巣で卵子や女性ホルモンをつくっています。

卵巣は、子宮の両側に一つずつある梅の実ほどの大きさをした器官です。外がわは腹膜と白膜で包まれ、子宮とつながる卵管は平滑筋でできており、その先端には漏斗状に開いている卵管采《らんかんさい》があります。卵巣の内部は血管やリンパ管、神経が埋め込まれた髄質と、それを取り囲む皮質で構成されています。皮質には、次の排卵に向けて準備をしている、さまざまな成長段階にある卵胞や、それが変化してできた黄体や白体などがあります。つまり、成長段階の異なる数種類の卵胞が、卵巣の中にはスタンバイしているというわけです。

卵子も精子と同じように、胎児期からもととなる原始生殖細胞をもっており、ある程度のところまで分裂が終わると、原子卵胞という形で冬眠に入ります。これが新生児のときには約八〇万個も眠っていますが、ほとんどが自然に潰《つぶ》れてしまって思春期を迎える頃には、約一万個にまで減っています。

そして、生殖能力を得る思春期を迎えると、原始卵胞から毎月一五―二〇個が成熟していきますが、そのうちの一つだけが左右の卵巣から交互に約二八日周期で排卵され、残りの卵胞は潰れてしまいます。成熟したグラーフ卵胞は二センチにもなり、肉眼でも見ることができます。卵胞の周囲は結合組織性の卵胞膜で包まれ、ここで女性ホルモンのエストロゲンがつくられます。男性の精子が常に細胞分裂をして毎日新しい精子がつくられるのに対し、女性の卵子は生まれたときからもっているものを保存して使っています。一生の間につくることができる卵子は、わずか四〇〇個ほどなのです。

卵巣から排出された卵子は、卵管采でキャッチされて卵管の中に入り、卵管の線毛の働きで子宮へと向かいます。この移動中に精子と出会うと受精が成立します。

受精すると、二四時間以内に細胞分裂を開始して、細胞の数が倍増しながら子宮に向かって卵管を進んでいきます。数日後には、六四―一二八個にまで細胞の数が増えています。すると、受精卵の中の片側に細胞が集まって空間ができる胞胚《ほうはい》になります。この頃には卵管を抜けて子宮に到達し、胞胚内の細胞が集まっている部分が子宮内膜に入り込んで固定され、着床します。これでようやく妊娠となります。

また、卵巣では女性ホルモンを分泌するのも大事な仕事です。ホルモンの分泌は思春期から始まりますが、卵胞ホルモン（エストロゲン）は皮下脂肪を増やして体に丸みをつけたり、乳房を膨らませ、黄体ホルモン（プロゲステロン）は子宮粘膜からの分泌物を増やす働きをしています。この二つのホルモンがバランスをとりながら排卵をコントロールしています。

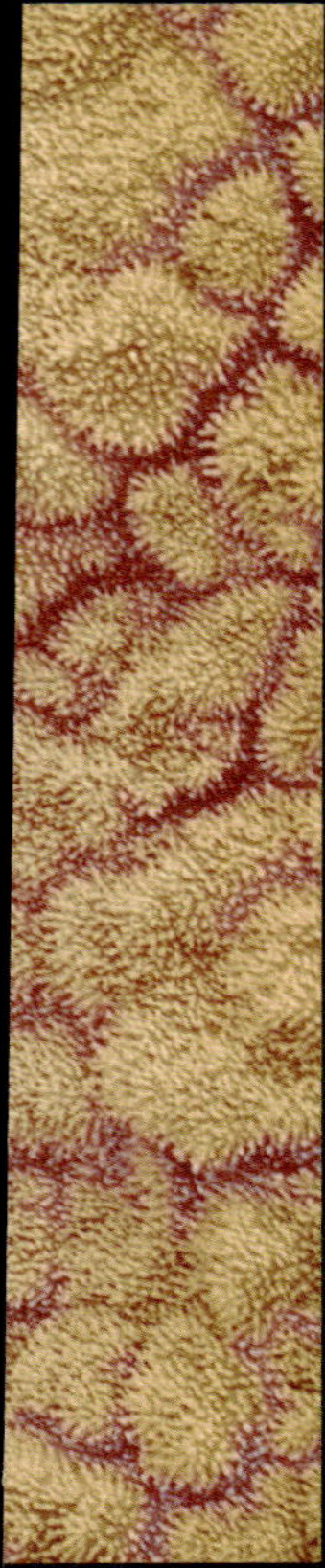

# 子宮 ― 受精までのサバイバルレース

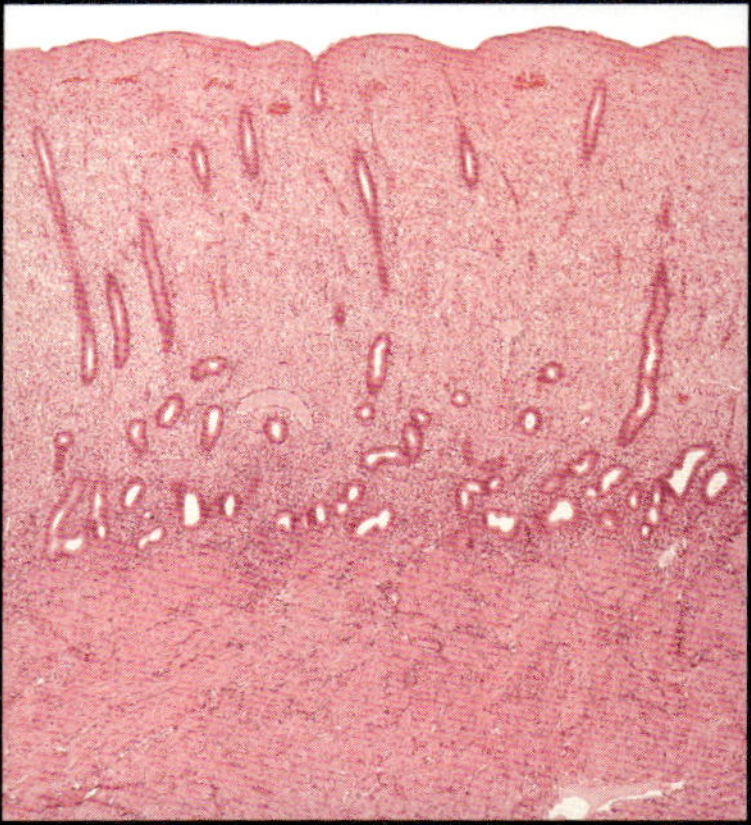

▲子宮内膜の横断面（月経周期の中間期）　子宮内膜が増殖して厚くなっており、受精卵が着床する準備ができています。

▼月経周期 22 日頃の子宮内膜の表面　月経が数日続いた後、子宮内膜は増殖を始めます。月経周期の 14 日目頃に卵巣から排卵が起こり、この頃を境にして子宮内膜は増殖を止めて、子宮腺から分泌液を出すようになります。ここで受精・着床が起こらなければ、排卵から 12～14 日ほどで次の月経が始まります。写真は月経周期の 22 日目頃の子宮内膜で、細かな細胞突起をもつ分泌細胞（ピンク色）の間に線毛細胞（赤色）が散在しています。

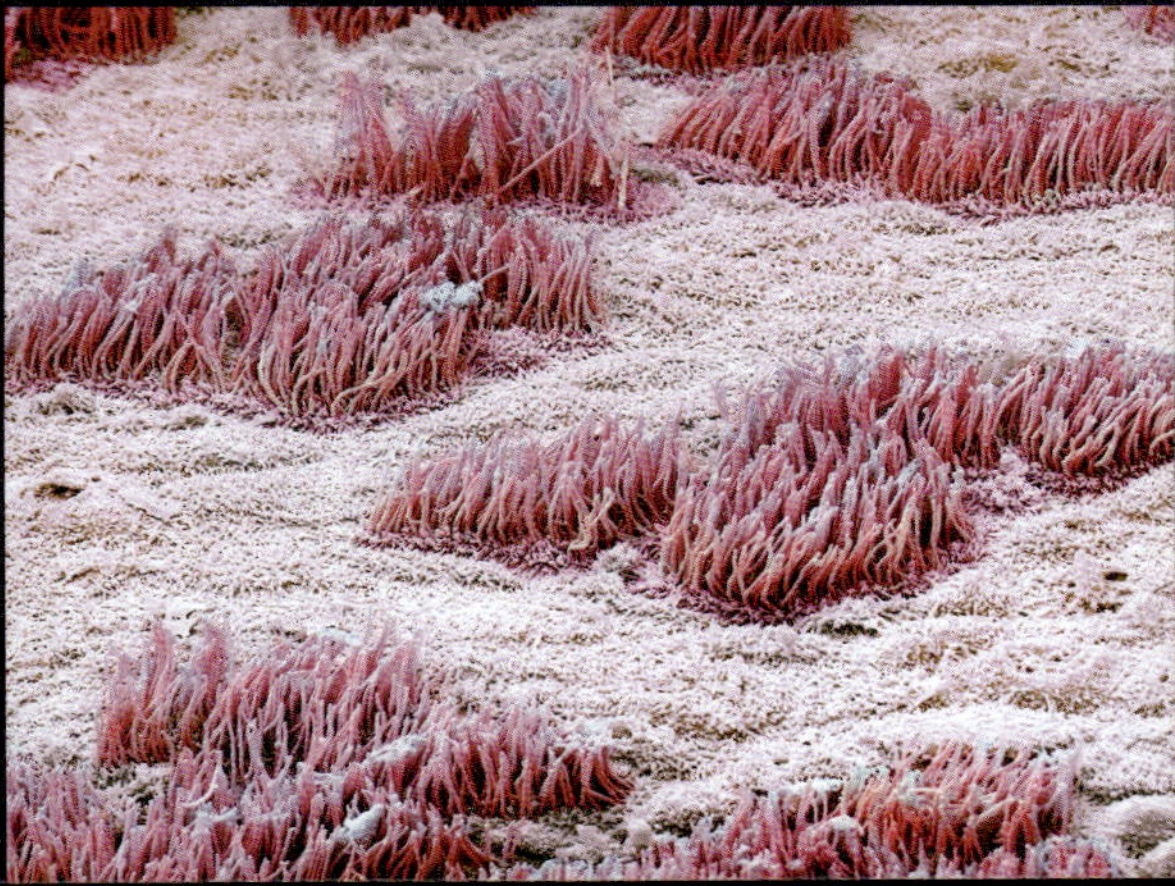

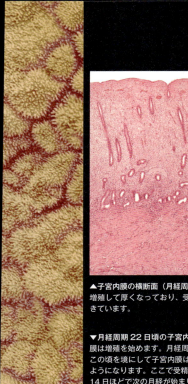

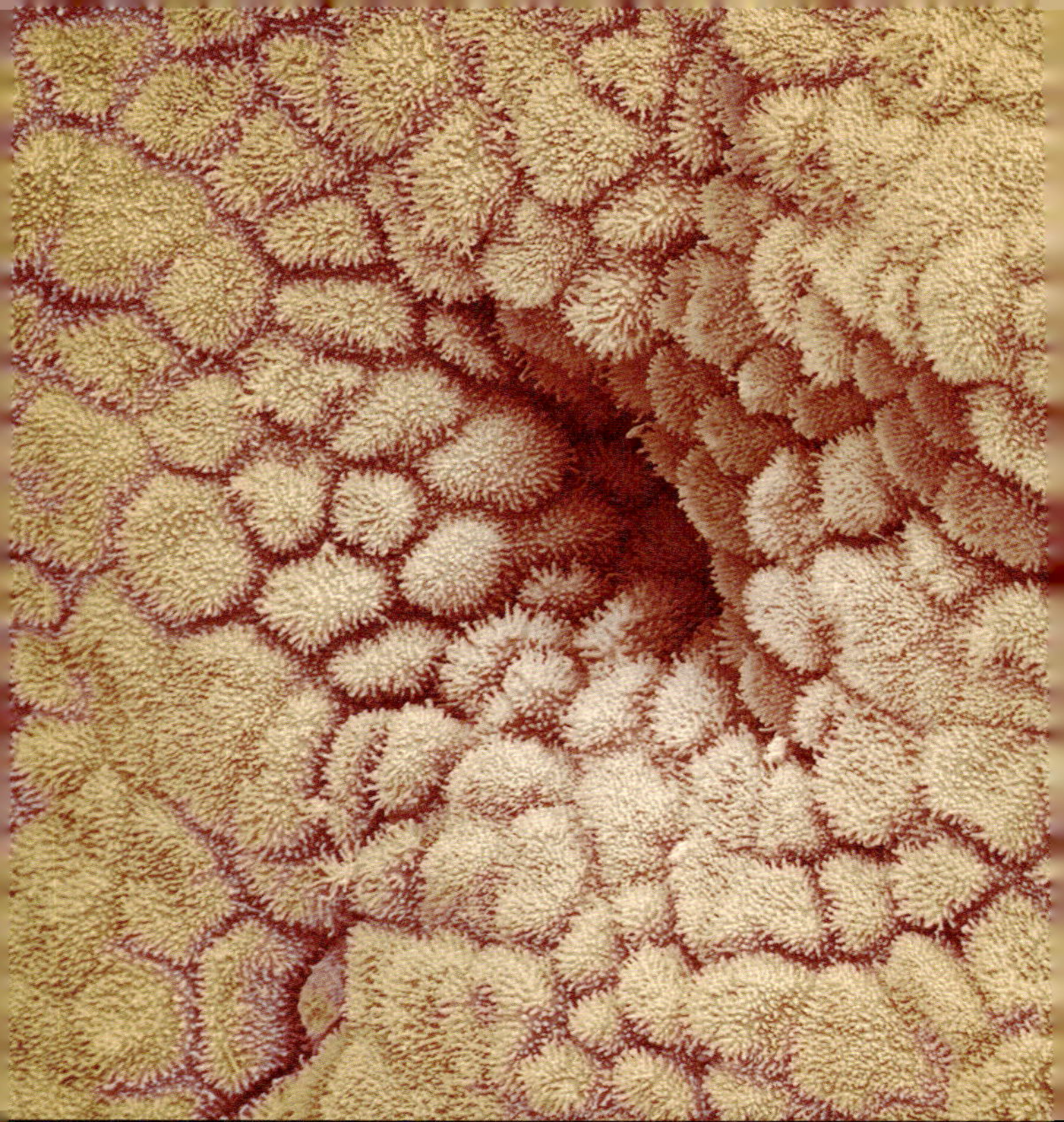

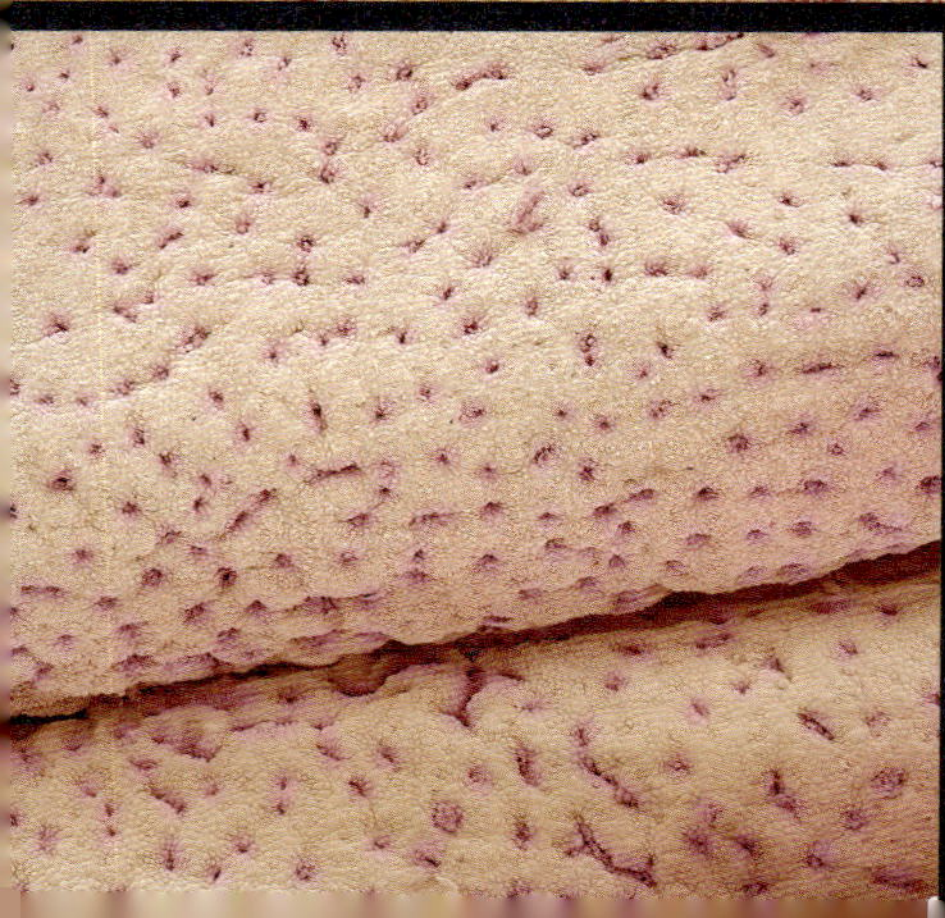

◀▲**子宮内膜の表面**　左の写真では、子宮内膜のシワの１つと内膜表面に開く多数の子宮腺の開口部が見えています。上の写真では、大きく拡大して、子宮腺の開口部の１つと、内膜を覆うそれぞれの上皮細胞、そこにはえている多数の細かな細胞突起が見えています。子宮腺からはグリコーゲンを含んだ液が分泌され、卵子の着床を助けます。

子宮は、受精した卵子を着床させ、妊娠したときには胎児を育てるカプセルの役割を果たしています。直腸と膀胱の間にある平滑筋でできた袋状の器官です。妊娠していないときは、ニワトリの卵くらいの大きさをしています。下方で管のような形をした交接器でもある膣とつながっています。

子宮壁は粘膜、筋層、漿膜《しょうまく》の三層からなり、内がわは子宮内膜という粘膜で覆われています。この子宮内膜は排卵に伴って細胞が増殖し、三—四ミリまで厚くなって受精卵の着床に備えます。しかし、受精しなかったときには、一定の周期で内膜の上部がはがれ落ちてしまいます。これが月経です。

射精によって膣内に入ってきた多数の精子は、子宮に向かって泳いでいきますが、子宮の入口に当たる頸部《けいぶ》からは粘液が分泌され、弱い精子は淘汰《とうた》されます。残った精子が先に進みますが、女性の体にとって精子は異物のため、今度は白血球が除去しようと攻撃します。これを免れた精子だけが卵管を泳いでいき、卵子と出会った一つの精子が受精へとこぎつけます。つまり、過酷なサバイバルレースに勝って受精し、誕生したのが私たちなのです。

受精卵が子宮内膜に着床すると、やがて受精卵からは絨毛《じゅうもう》が伸びて胎盤《たいばん》が形成されます。胎盤は円盤状の器官で、二本の動脈と一本の静脈が索状になった臍帯《さいたい》（へその緒）で胎児とつながり、ここから母体の血液によって酸素や栄養が供給されます。そして、胎児からは老廃物や二酸化炭素が母体に送られて排泄《はいせつ》されます。そのため、胎児は肺を介さずに呼吸をしており、この世に誕生して「オギャー」と産声を上げると同時に肺呼吸に切り換わります。また、胎児を育てるには臍帯のほかにも卵膜や羊水なども必要で、これらを胎児付属物といいます。卵膜は内がわから羊膜、絨毛膜、脱落膜の三層構造をしており、とくに羊膜は強《きょう》靭《じん》な膜で、胎児と羊水を包んでいます。

羊水は羊膜内を満たしている水分で、主成分は羊膜上皮からの分泌物や胎児の尿などです。この羊水の中に胎児はプカプカ浮いていますが、これによって外部からの圧迫や衝撃を和らげたり、胎児の運動を助けたり、一定の温度を保ったり、細菌などの感染を防いだりしています。

こうして、妊娠すると子宮は最適な環境で胎児を育てるカプセルとなり、胎児が育つにしたがって子宮も広がっていきます。妊娠末期には、長さが約三六センチ、重さが約一キログラムにまで大きくなり、子宮腔の広さは二〇〇〇―二五〇〇倍に拡張します。そのため、大きくなっても裂けないように、筋線維が子宮の長軸を輪状に取り巻いているうえ、たすき掛けの交叉《こうさ》をする線維でしっかり補強されています。

乳房──なにでできているのか

**▼妊娠していない女性の乳腺**　乳房の内部の大部分は脂肪組織と乳腺組織（中央の淡ピンク色）で、皮膚（右端の濃ピンク色）と皮下組織（右よりの中濃ピンク色）に覆われ、胸の大胸筋（左端の濃ピンク色）の上にのっています。

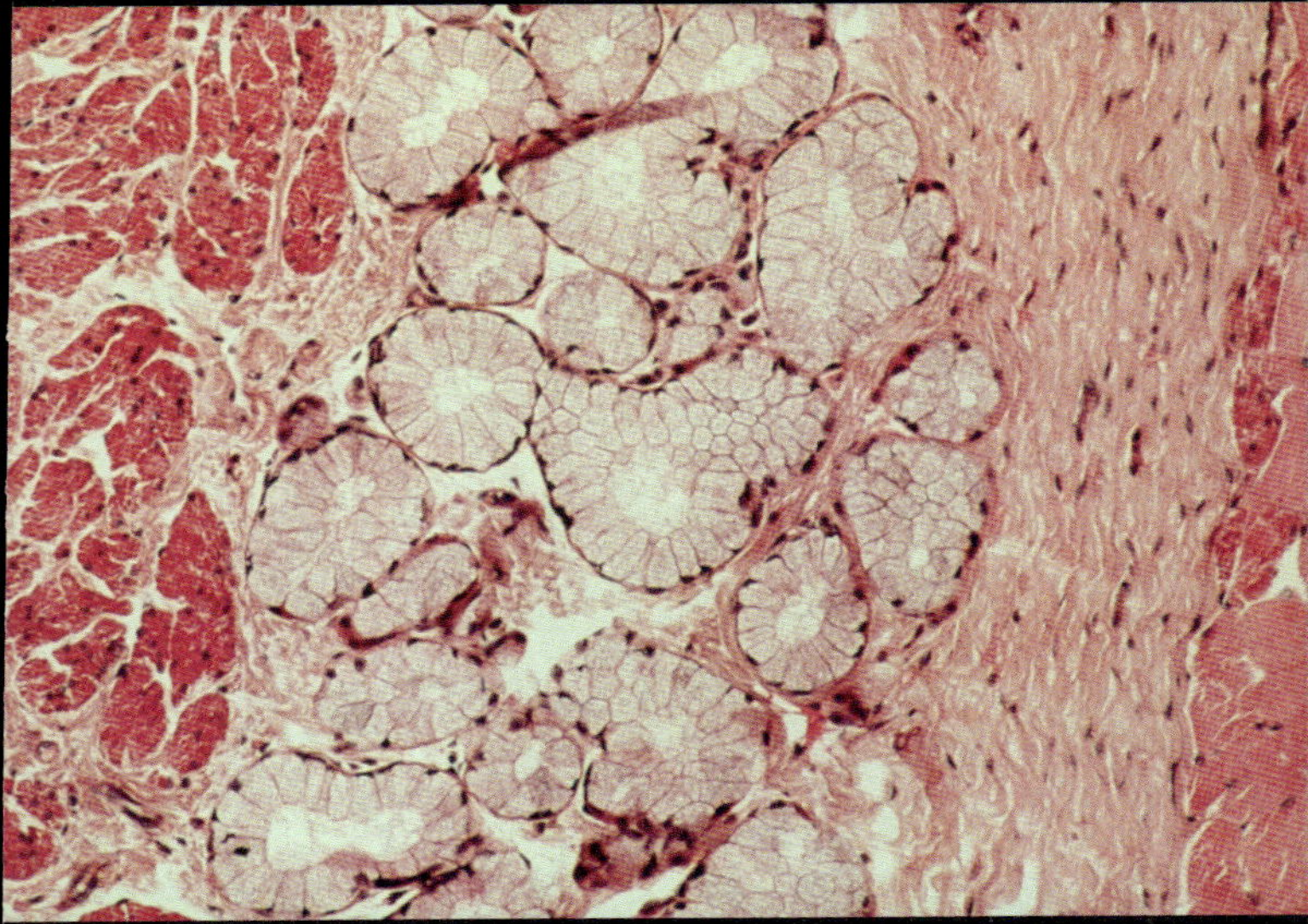

女性は思春期を迎えると、下垂体が分泌する女性ホルモンの刺激を受けて乳房が膨らみをもつようになります。膨らんだ乳房は九割が脂肪組織で、残りの一割が乳腺《にゅうせん》になっています。乳房を触るとゴリゴリした硬いものを感じますが、これが乳腺です。乳腺からは母乳の通り道となる乳管が伸び、乳頭部で乳管口となって外部に開いています。

母乳を分泌する乳腺細胞の集まりを腺房《せんぼう》といい、腺房が集まって乳腺小葉《しょうよう》をつくります。妊娠すると、乳腺小葉が発達して、出産後は乳頭から母乳を分泌して育児の大役を担います。したがって、妊娠していないときは乳腺小葉が発達せず、ほとんど乳管だけになっています。妊娠中は、胎盤から分泌されるホルモンによって母乳の分泌は抑えられていますが、出産して胎盤がなくなると母乳の分泌を促すホルモンの働きかけで分泌が始まります。

母乳は、乳管洞という場所に蓄えられ、赤ちゃんが乳頭に吸いつくとオキシトシンというホルモンが分泌され、周囲の筋組織が収縮して絞り出されます。つまり、赤ちゃんが授乳を促す働きをしているのです。

母乳は、乳房の乳腺で合成されています。血液によってブドウ糖やアミノ酸、脂肪酸などが供給され、これらを材料にして母乳特有の良質な乳糖やタンパク質、脂肪が乳腺でつくられます。そのため、母親の栄養状態が母乳に影響してきます。

第5章

# 循環器・血管

酸素と栄養を乗せて
血液は駆け巡る

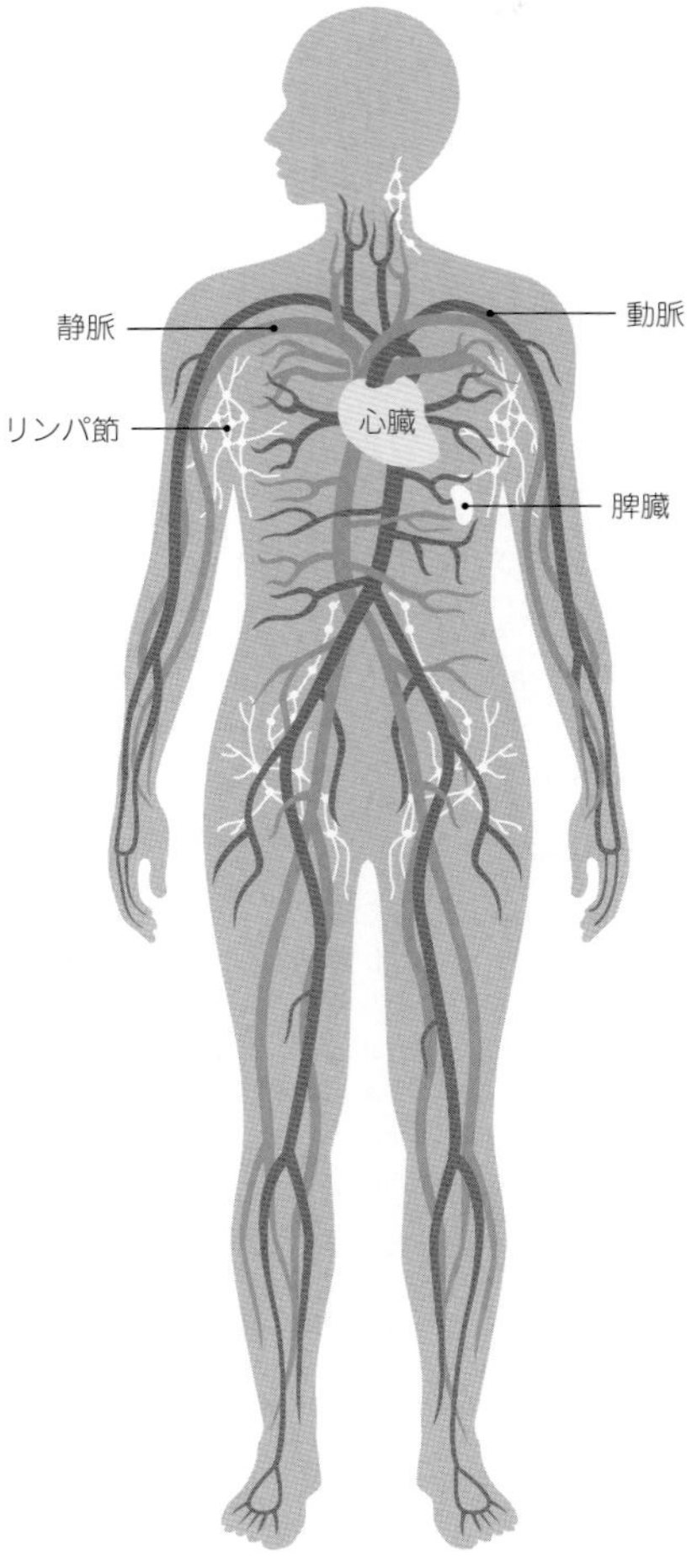

生命維持に必要な栄養分や酸素を全身の細胞にくまなく届け、不要になった老廃物や二酸化炭素を回収するには、体内にも物流システムが必要です。

この仕事を担っているのが、栄養分や酸素などの物質を乗せるコンテナーに当たる血液や血管から漏れ出たリンパ液、それらが流れる輸送路となる血管やリンパ管、そして血液を循環させるポンプの役目を果たす心臓です。

これらの臓器や器官で構成された体内を循環させる物流システムを循環器といいます。

心臓からは動脈というハイウェイに乗って勢いよく送られた血液が、全身を巡って細胞に栄養分と酸素を届けます。その代わりに老廃物と二酸化炭素を毛細血管が回収して静脈に送ります。このとき、毛細血管から漏れた物質を回収しているのがリンパ管で、やがて静脈と合流して心臓に戻しています。そして、心臓から肺に送られてガス交換が行われ、新鮮な酸素を乗せた血液が心臓に戻り、再び動脈から全身に送り出されます。こうして、体内を物質が循環することで生命活動を行っています。

また、リンパ管のところどころにはリンパ球が常駐しているリンパ節が存在し、ここでリンパ液に混じっている細菌や有害物質を退治する免疫として機能し、血管内に危険なものを入れないように関所の役目を果たしています。

# 心臓

## ― 血液を全身に循環させるポンプ

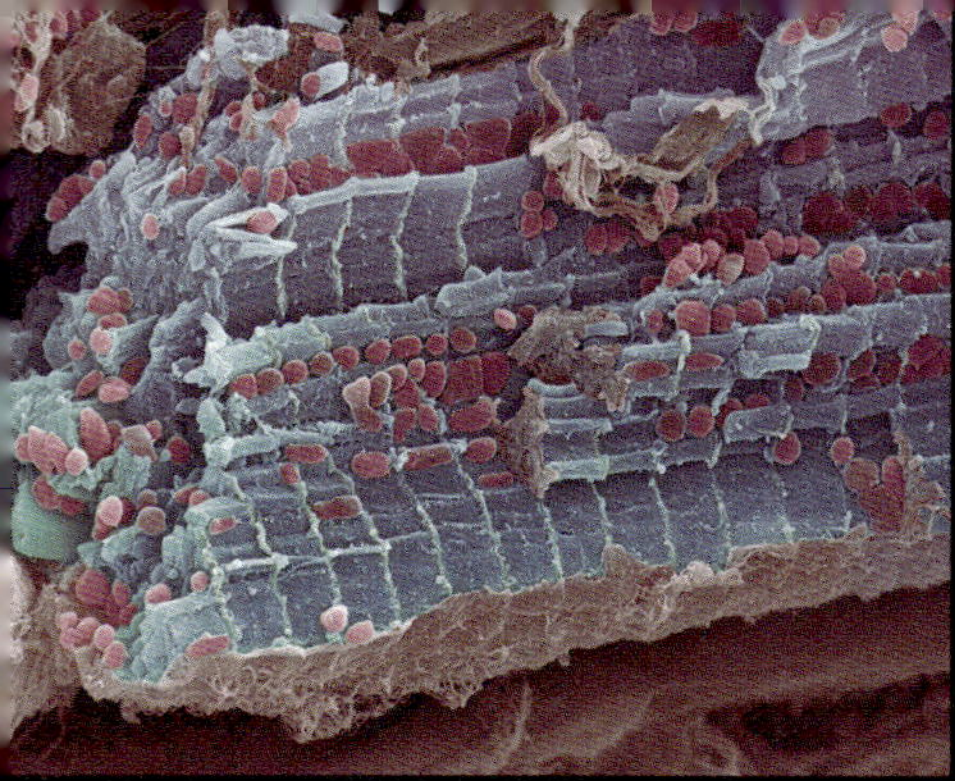

▲心筋　心臓の壁は心筋という筋肉でできています。心筋細胞は短い線維状で多少の枝分かれがあり、たがいにつながって網目状の線維となって心筋をつくりあげています。心筋細胞の内部では筋フィラメントが規則的に配列して筋原線維（青色）をつくり、細胞表面から内部に伸びるＴ管（白色）が筋原線維と直角に規則的に走って興奮を心筋内部に伝えます。筋原線維の間にはミトコンドリア（ピンク色）が挟まって、筋収縮のエネルギーを生み出しています。

→心筋細胞の縦断スライス　心筋細胞の内部で、筋原線維（ピンク色）が縦方向に走り、その間にミトコンドリア（青色）が挟まっています。筋原線維は細いアクチンフィラメントと太いミオシンフィラメントが規則的に並んでできています。筋原線維上の太い横縞（濃赤紫色）はＺ帯でアクチンフィラメントを横方向につなぎ、細い横縞（濃ピンク色）はＭ線でミオシンフィラメントを横方向につないでいます。

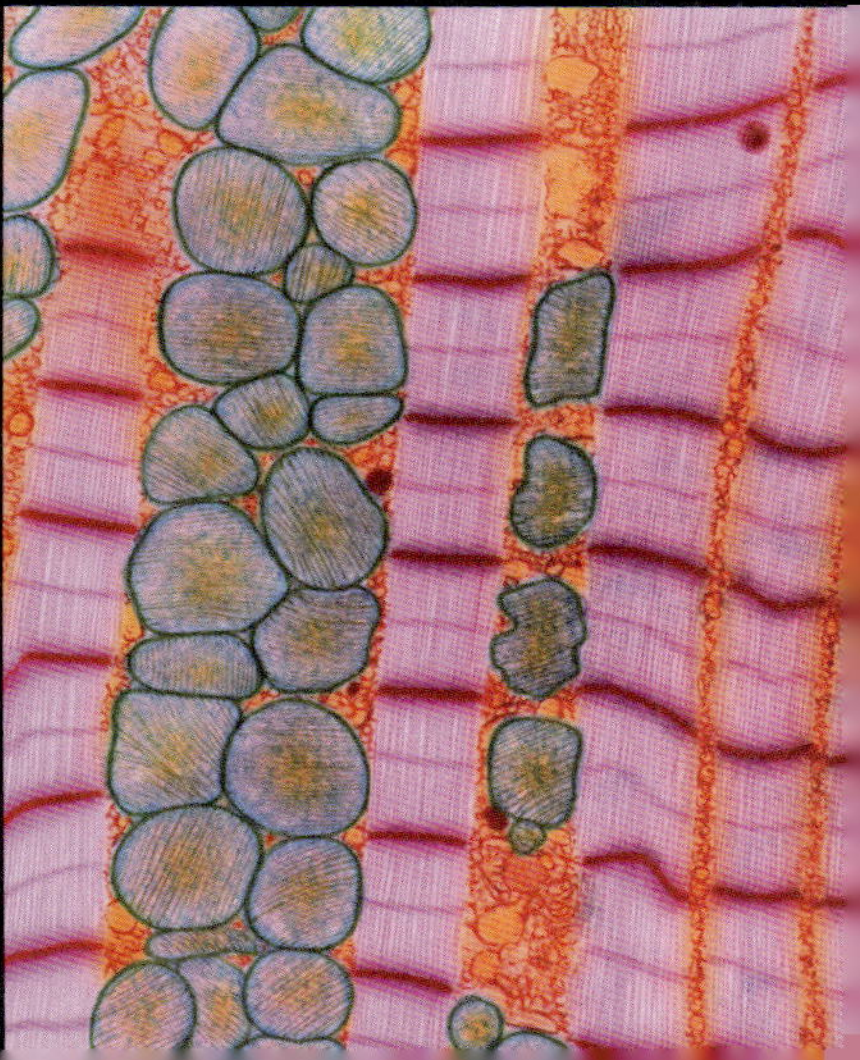

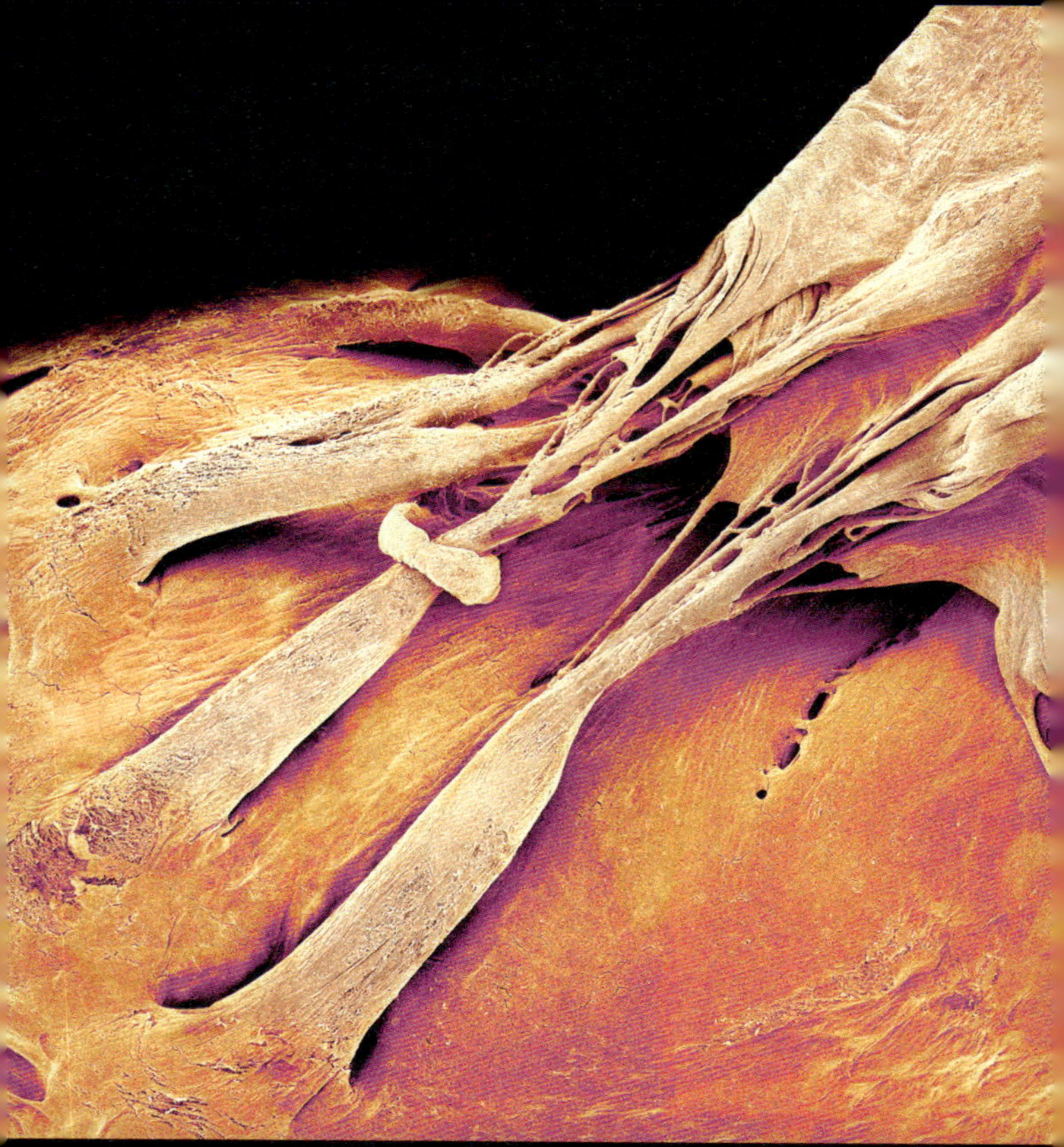

▲**心臓の右房室弁**　心臓の心房と心室の間には、血液の逆流を防ぐ房室弁が備わっています。房室弁（右上）の縁は腱索という結合組織性の紐（中央）によって心室の壁の乳頭筋（左下）につながれて、弁が心房側に反転するのを防いでいます。ここでは右心房と右心室の間にある右房室弁（三尖弁）を右心室側から見ています。

胸に手を当てると、ドクンドクンと規則正しく拍動しているのを感じるでしょう。これは、心臓から全身に向けて血液を送り出している証拠です。この血液配送のポンプの役目を果たしているのが心臓です。

心臓の壁は、心臓特有の心筋という筋肉でできており、それぞれの心筋細胞はお互いにつながっていて、歩調を合わせて収縮しています。内部は、右心房と右心室、左心房と左心室の四つの部屋に分かれ、左右の心室の入口と出口に、計四つの弁がついています。三尖弁《さんせんべん》と僧房弁《そうぼうべん》は血液が心室から心房へ逆流するのを防ぎ、肺動脈弁と大動脈弁は心臓から押し出された血液が心室に逆流するのを防いでいます。

心筋が収縮すると左右の房室弁が閉じ、大動脈弁と肺動脈弁が開いて右心室にある血液は肺動脈へ、左心室の血液は大動脈へと押し出されます。そして、次に心筋が弛緩《しかん》して大動脈弁と肺動脈弁が閉じると、右房室弁と左房室弁が開いて大静脈からの血液は右心房から右心室へ、肺静脈からの血液は左心房から左心室へと流れ込みます。このようなポンプ作用が繰り返し行われることで、絶えず血液が循環し続けています。

心臓は不眠不休で働いていますが、この指令を与えているのは右心房にある洞房結節《どうぼうけっせつ》と呼ばれる筋細胞の集まりです。洞房結節で電気信号が自発的・規則的に発生し、それが心臓全体に伝わって拍動させています。つまり、心臓は外からではなく自分の指令で動いているのです。心臓の拍動は、心室の先端の心尖《しんせん》という左寄りの部分が最も大きくなります。そのため、私たちは拍動を左側で感じるので心臓が左側にあると思われていますが、実際には胸の中央にあって少し左に多めにはり出しているだけです。

また、胸には肺もあり、とくに左肺は心臓とくっついています。この状態で激しい運動をしても、両者が擦れて傷つかないのはどうしてでしょう。

じつは、心臓と肺はそれぞれが膜に包まれているので、摩擦が生じることはないのです。心臓を包む膜（心外膜）は大血管に根元でくっつき、そこから外がわに折り返されて心臓全体を包むように袋（心嚢《しんのう》）を形成しています。心嚢の内がわと心外膜の間にできた空間は、液体で満たされています。これが衝撃を和らげるクッションとなり、肺や周囲の臓器との摩擦を防いでいます。心臓や肺だけではなく、腹部の臓器もこのような膜で守られています。

こうして心臓は全身の細胞に生命活動を行うための血液を届けていますが、心臓自体も拍動を続けるには多くの栄養分と酸素が必要です。そこで、心臓は冠状動脈という専用の血管をもっており、ここから体全体の約二〇分の一もの血液量が流れ込んでいます。心臓が役目を全うするには、それくらいエネルギーを消費しているということです。

# 動脈

## ——体のすみずみに血液を届ける

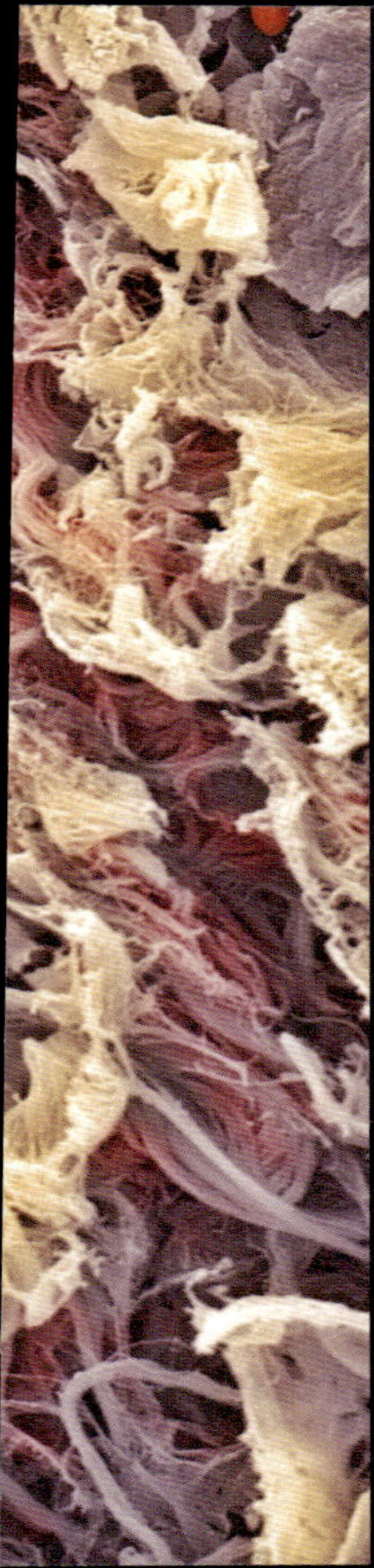

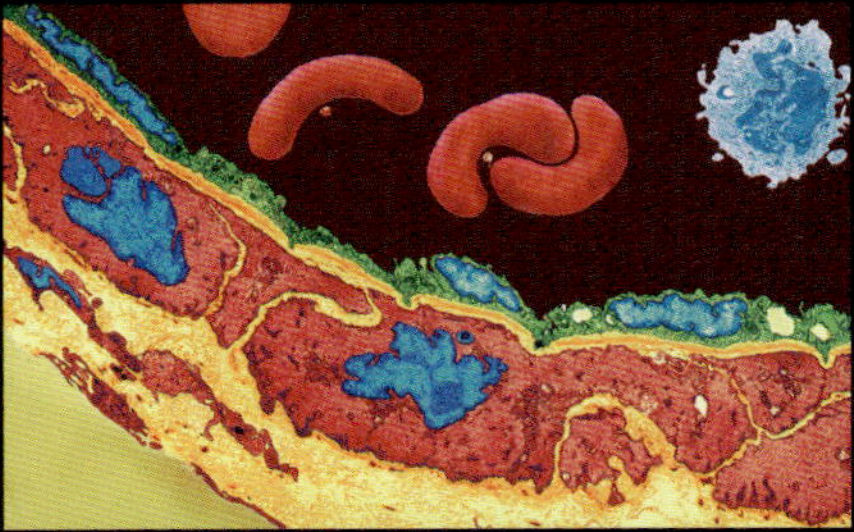

▲**冠状動脈の横断スライス**　冠状動脈の壁は３層からできており、赤血球や白血球のある内腔（上）に近い側から、薄い内皮細胞（緑色と青色）、平滑筋（赤色）、結合組織性の外膜（黄色）からできている。内皮細胞と平滑筋細胞の間には弾性線維からできた内弾性板（オレンジ色）が挟まっている。

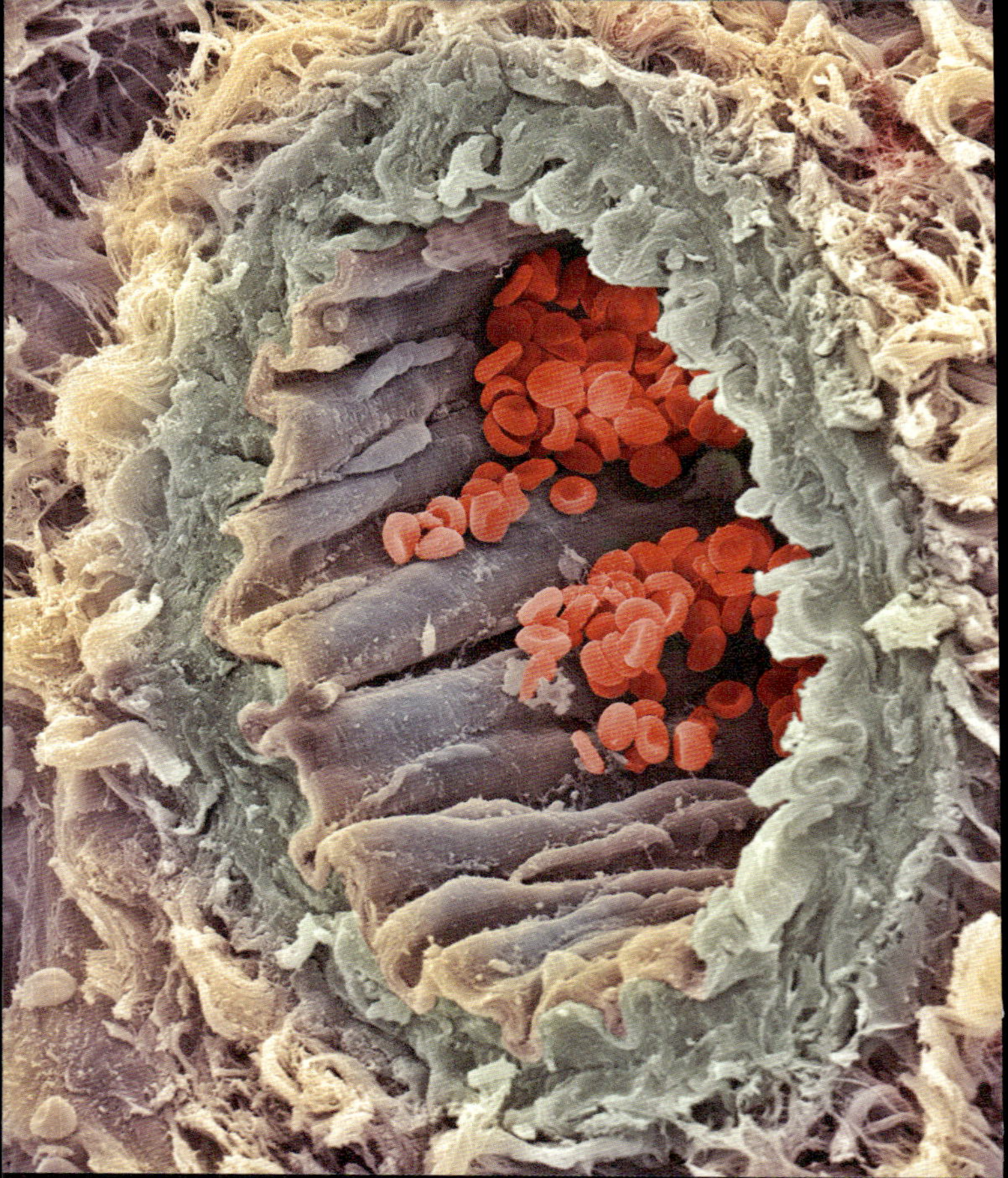

▲**動脈の横断面**　動脈の内腔に赤血球（赤色）が見えます。動脈の血圧は高いので、壁が厚くできています。壁の内がわの内膜（黄色と暗紫色）は内皮細胞とわずかな結合組織からなり、縮んで縦方向にヒダをつくっています。壁の本体は分厚い中膜（濃緑色）で、平滑筋細胞からできています。その外がわは外膜（黄色と明紫色）で結合組織からできています。

心臓から押し出された酸素を豊富に含んだ血液は、動脈を通って体のすみずみの毛細血管にまで届けられます。動脈血は、赤血球に含まれる鉄を主成分としたヘモグロビンという赤い色素が、酸素と結びついて鮮やかな赤色をしています。したがって動脈も赤く見えるのですが、体の深いところを走っているのでふだんは見ることができません。

動脈は心臓から伸びる大動脈から分かれ出て、さらに次々に枝分かれして細くなっていき、ついに毛細血管の手前では髪の毛よりも細くなっています。高い圧力がかかるため、それに耐えられるように動脈の壁は厚くなっています。断面は円形で、内皮細胞とわずかな結合組織からなる内膜、一層の内弾性板をはさんでその下に輪状の平滑筋《へいかつきん》で構成される中膜、さらに外弾性板をへだてて外がわに結合組織からなる外膜という三層構造をしています。

ただし、同じ動脈でも大動脈と他の細い動脈では壁の構造も役割も異なります。たとえば、大動脈のように太い動脈は、壁の中にゴムのように伸び縮みする弾性線維をたくさんもっているので、弾性動脈と呼ばれています。この弾性線維が、孔のあいたシートを何層もつくり、そのシートの間に平滑筋細胞が挟まっています。

弾性動脈は、心臓から押し出された血液の拍動を受け取り、それを和らげる働きをしています。もしも大動脈の壁に弾力性がなく、鉄パイプのように硬かったらどうなるでしょう。

細い動脈に至るまで血液が勢いよく流れたり、急に滞ったりを繰り返して、血液がスムースに流れなくなってしまいます。

血液はポンプ役である心臓の力だけで流れているのではなく、動脈の伸縮性と弾力性によって心臓から血液を受け取ると膨らみ、次の瞬間に縮むといった弾性線維の収縮と弛緩の繰り返しで先へ先へと送られているのです。

一方、細動脈のように細い動脈は、弾性線維が少なく、代わりに平滑筋細胞が豊富なため筋性動脈と呼ばれています。平滑筋細胞は、動脈を取り巻くように円周方向、またはラセン状に走っているのが特徴です。

筋性動脈は、血管の太さを調節して血流に対する抵抗を決めています。たとえば、心臓から押し出された血液をどこに多く流すかというように、血流の分配を調節しています。つまり、全身の血圧は、心臓の押し出す力とともに、この筋性動脈によって保たれているのです。

血圧というのは、心臓から押し出された血液の圧力のことで脈とともに変化しますが、普通に血圧というと心臓の収縮時に血液が押し出されるときの血圧（最高血圧）を指します。

動脈壁にコレステロールが溜《た》まると、血管が細くなって血圧が上昇します。これは、ホースの口を指で押さえると水圧が高くなり、水が勢いよく遠くまで飛ぶのと同じ原理です。

# 毛細血管

## ——動脈と静脈を橋わたし

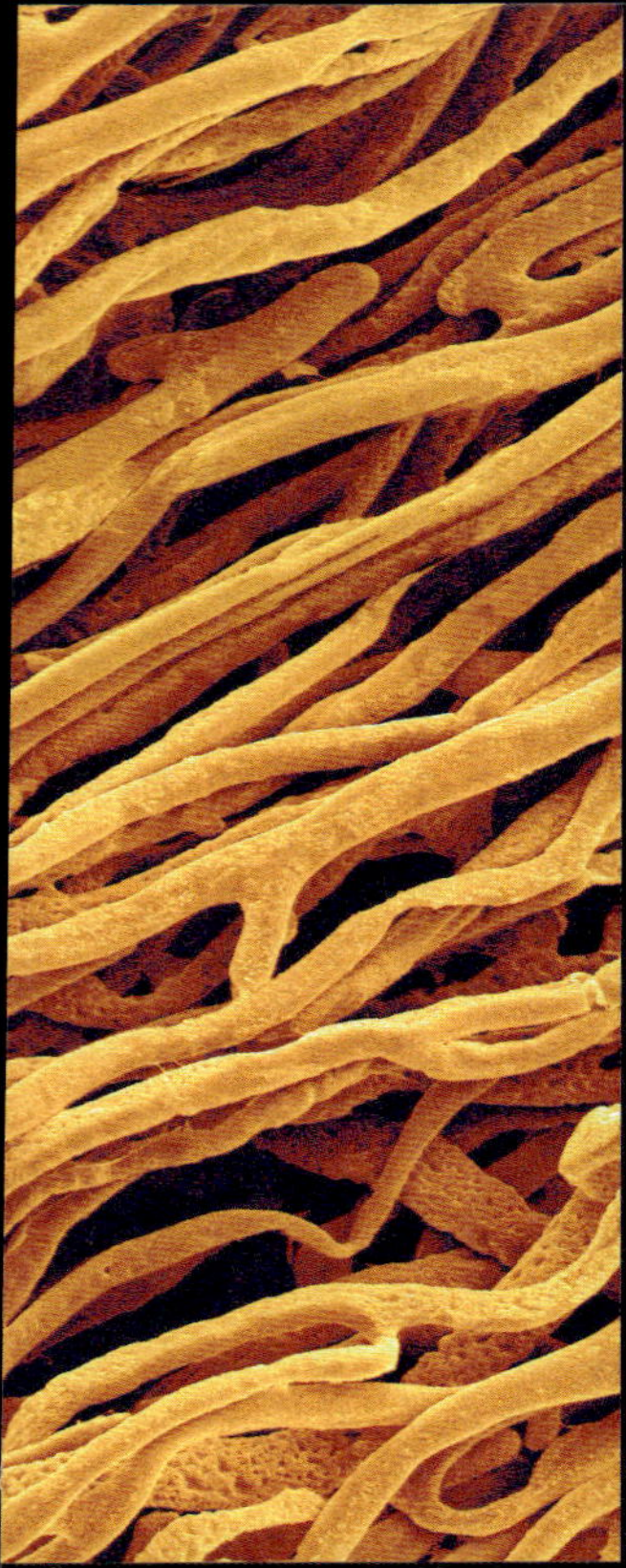

◀**心筋の毛細血管**　心筋は休みなく収縮を繰り返しているので、十分な血液の供給が必要です。そのため筋線維の隅々まで毛細血管が網目のように広がっています。

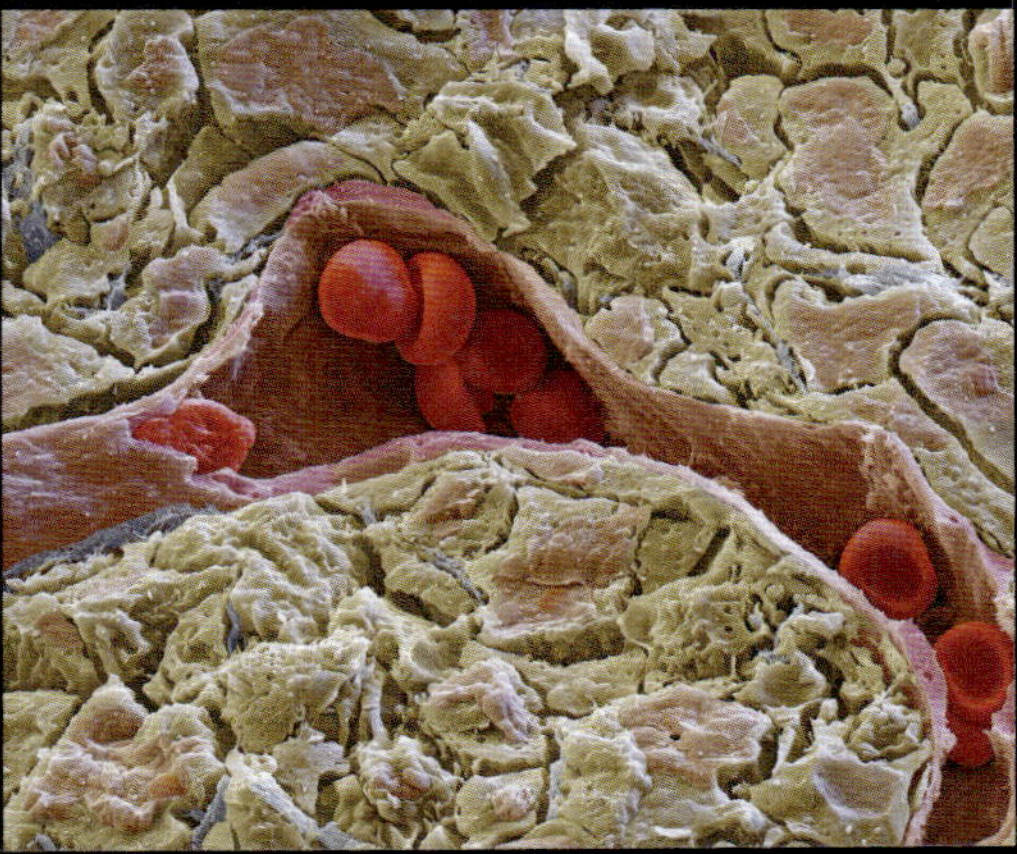

▶**毛細血管の断面**　臓器の中を走る毛細血管とその中の赤血球（赤色）が見えています。毛細血管の壁は薄い1層の内皮細胞からできています。心臓から出た血液が毛細血管にたどり着くと流れは緩やかになり、周りの細胞との間で酸素や栄養のやりとりをします。

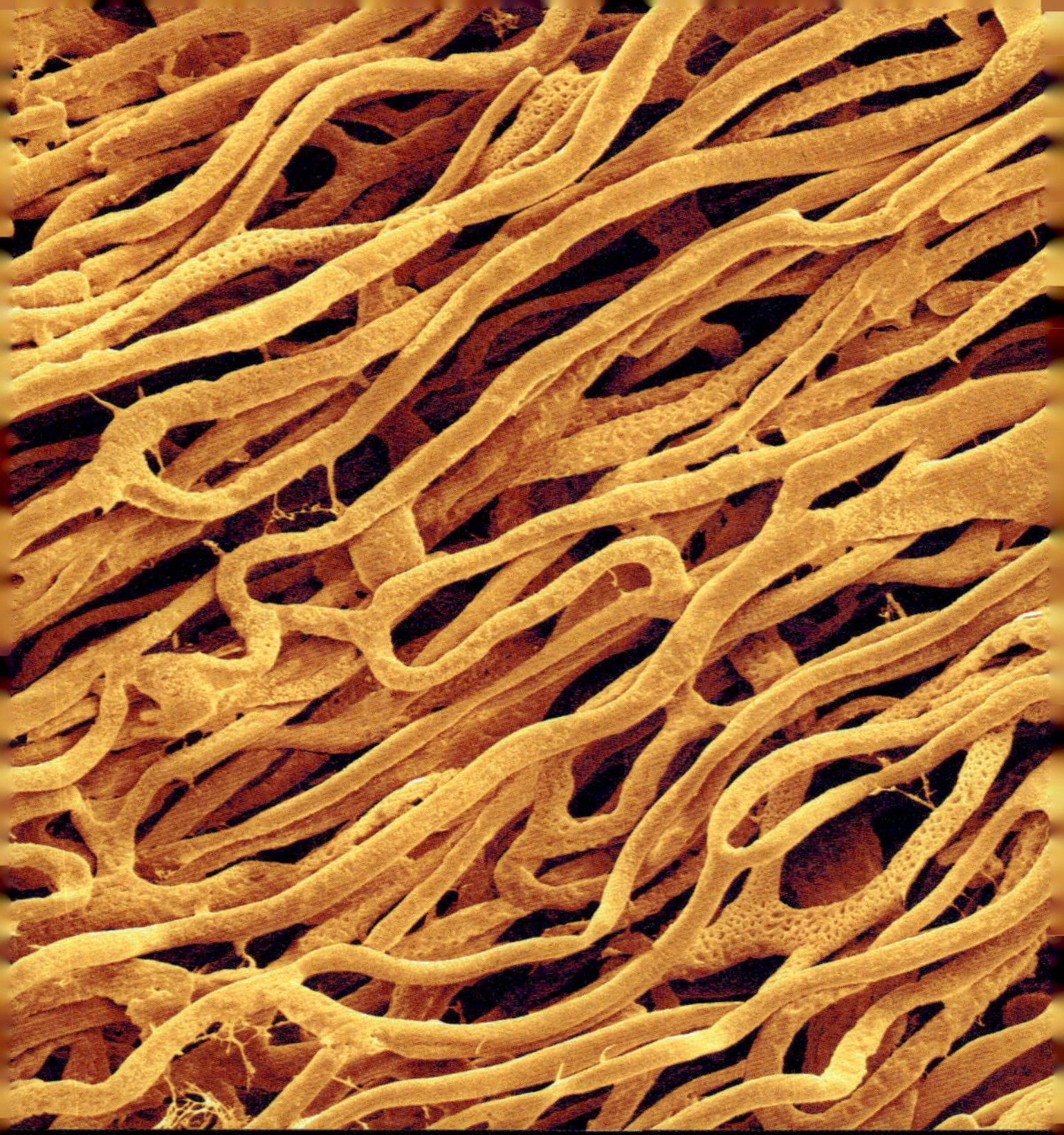

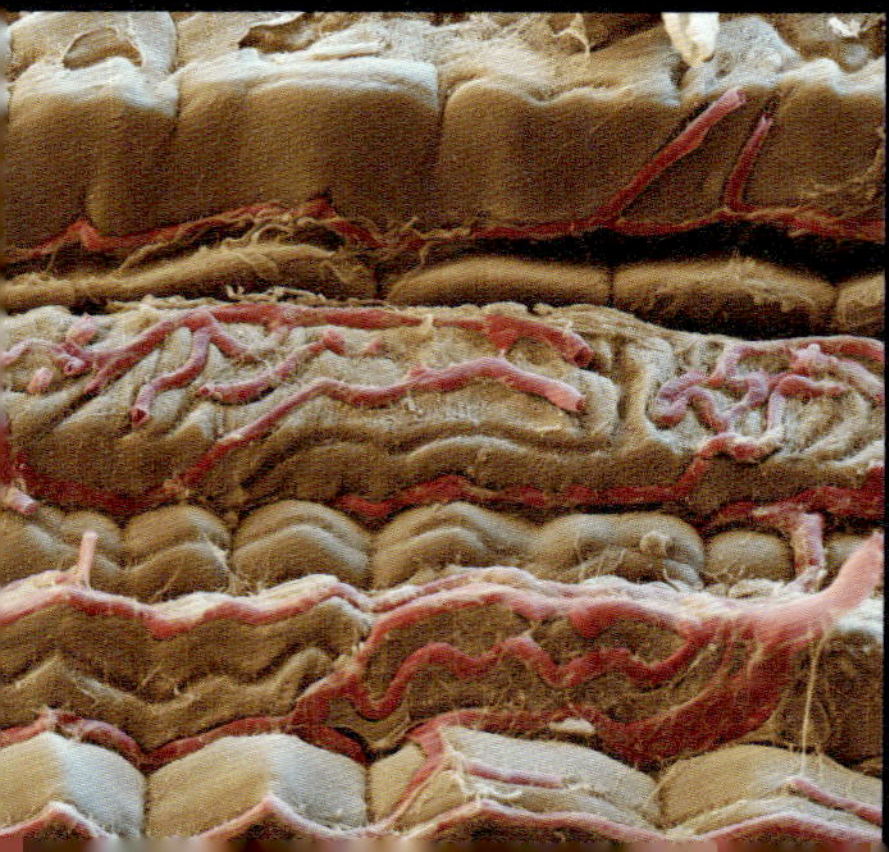

◀**骨格筋の中の毛細血管**　骨格筋に血液を運ぶ毛細血管（赤色）が、筋線維（茶色）の間でおもに縦方向に張り巡らされています。骨格筋は収縮を始めると急に多くの酸素を必要とするようになり、血管が拡張して多量の血液が流れます。骨格筋の毛細血管の多くは普段は閉じていて、運動をしたときにだけ血液を流します。

枝分かれして細くなった動脈は、各組織内を網目状に走る毛細血管とつながっています。毛細血管から組織に酸素と栄養分が届けられ、代わりに二酸化炭素と老廃物を受け取るという物質交換を行った後、今度は小静脈、中静脈、大静脈とだんだん太くなる静脈に合流して心臓に戻ってきます。つまり、毛細血管は動脈と静脈をつないで、血液中の物質交換を直接行う役目を担っているのです。

そのため、名前の通り髪の毛のように細く、直径は一ミリの一〇〇分の一ほどですから狭い組織内にも通っています。もちろん硬い骨の中にも通っており、通っていないのは軟骨組織と眼の角膜や水晶体だけ。すべての血管の九九パーセントを毛細血管が占めています。

毛細血管の周りには、組織液で満たされた細胞間腔《さいぼうかんくう》が広がっており、毛細血管の始まり部分では圧力が高いので組織液の中に少しずつ液がしみ出していきます。そして、毛細血管の終わりのほうでは、しみ出した液がふたたび毛細血管に戻ります。こうして、毛細血管と組織液の間で物質交換が行われています。

毛細血管は、一層の薄い内皮細胞のシートがつくる円形の管で、臓器によって種類が異なります。たとえば、毛細血管の内外で酸素と二酸化炭素のやり取りを行う筋肉では、内皮が隙間《すきま》のない連続的なシートをつくっていますが、腎臓や肝臓のように盛んに物質交換を行う臓器では、内皮細胞に孔《あな》があいているのです。

大動脈では毎秒五〇センチのスピードで血液が流れているのに対し、毛細血管では毎秒一ミリとじつにゆったりした流れになっています。

毛細血管で物質交換が行われた後、二酸化炭素と老廃物を含んだ血液は、静脈から心臓に戻っていきます。そのため静脈血は、ヘモグロビンから酸素が離れた状態で、青黒い色をしています。皮膚から見えるのは静脈で、健康診断で採血しているのも静脈血です。

静脈も動脈と同様に、内膜、中膜、外膜の三層構造をしていますが、静脈はほとんど圧力を受けないので動脈よりも血管壁が薄く、弾力性も少なくなっています。断面も潰《つぶ》れたように楕円形《だえんけい》をしています。

動脈が心臓のポンプ作用によって血液を押し出すのに対し、静脈は周囲の筋肉のポンプ作用で心臓まで血液を戻しています。ですから動かないでいると、血液の循環が悪くなるわけです。重力に逆行して戻るようになるため、静脈には血液の逆流を防ぐ弁がついています。

また、静脈は人によって固有の分布パターンがあり、たとえ双子であっても違っているうえ、生涯を通じて変化することはありません。そこで、生体認証などのセキュリティにも利用されることがあるのです。

# 血液

## ──全身を走る生きた液体

◀**血球＝血液の細胞**　血液は血球と呼ばれる細胞成分と、血漿と呼ばれる液体成分とからできています。血球の大部分は赤血球（中央が凹んだ赤い細胞）で、酸素を運ぶ働きをします。白血球（細かな突起がはえた黄色い細胞）は免疫の働きで外敵から身体を守ります。血小板（小さなピンク色の細胞断片）は血液凝固をして血管の傷口を塞ぐ働きをします。

▼**血小板**　血小板は巨核球がちぎれてできた細胞断片で、血液を固めて止血する働きをしています。活性化されていないときは円形ないし楕円形ですが、内皮細胞が傷つくと活性化し、ここに見えるように偽足や突起を伸ばして運動し、損傷した部分に入り込んで止血をします。

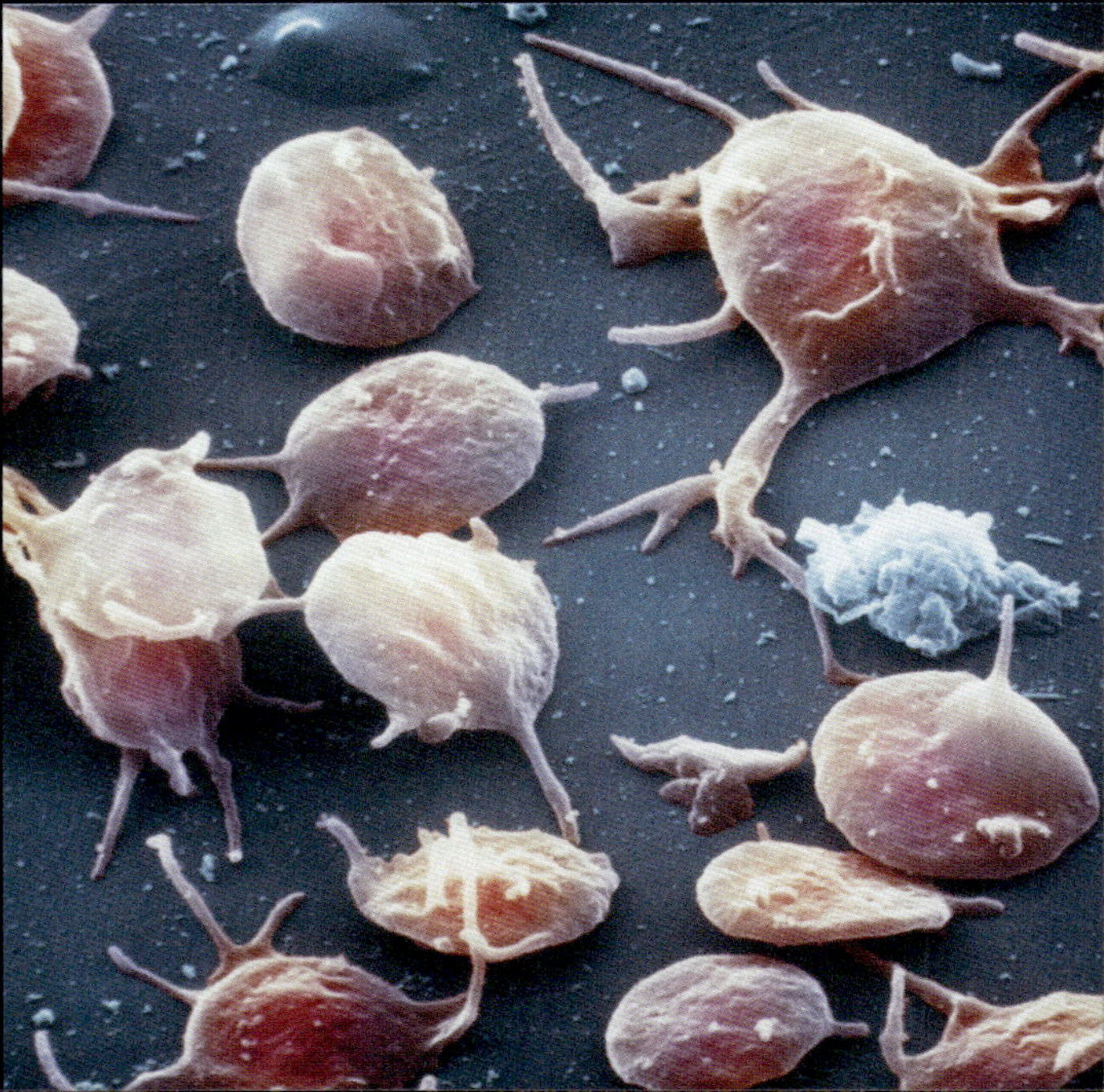

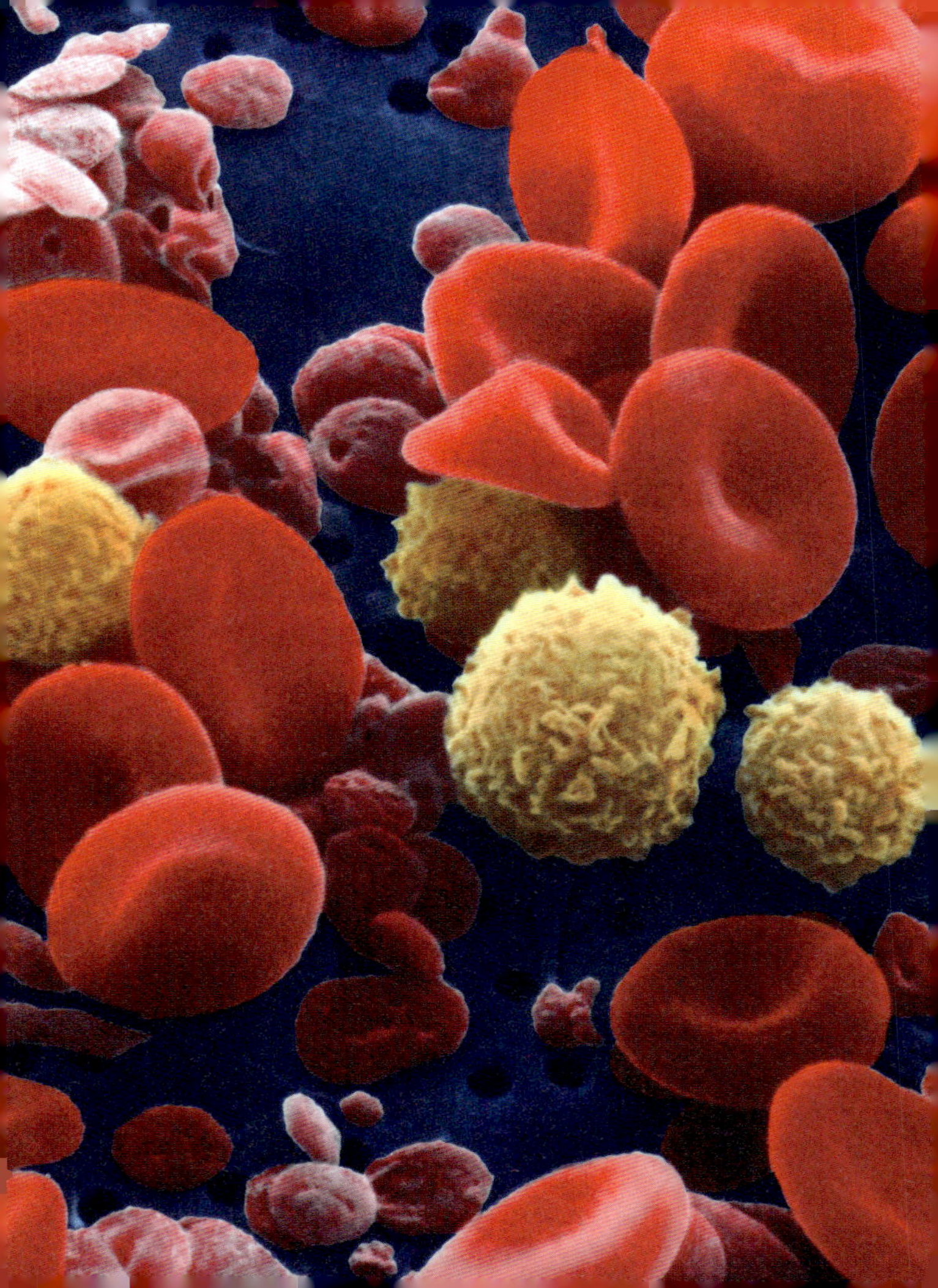

体内には体重の約八パーセント、体重が六〇キロの人なら約五リットルの血液が流れています。血液は栄養分や酸素を運ぶためのたんなる赤い液体ではありません。中には、さまざまな細胞が含まれている生きた液体なのです。

これらの細胞は、物質交換をするだけではなく、細菌やウイルスから体を守り、血管壁がほころんだときには修復をし、体の状態に合わせて器官の働きを調節するためのホルモンを運ぶなど、生命を守るためにさまざまな働きをしています。

血液は、「血球」と呼ばれる有形の細胞成分と、栄養分や電解質を含んだ「血漿《けっしょう》」と呼ばれる液体成分からなっています。両者の割合は、血球が約四割、血漿が約六割の比率で存在しています。

細胞成分には、酸素を運ぶ赤血球や、外部から侵入した病原体や異物を撃退する役目を担う白血球、血液を固めて止血する働きをする血小板がありますが、九九パーセントが赤血球で、残りの一パーセントが白血球と血小板です。

そして液体成分である血漿は、血液を沈殿させると上に残る淡黄色の液体で、固形成分の大部分はさまざまな種類のタンパク質ですが、ほかにもブドウ糖、塩分、カルシウム、カリウム、リン、ホルモンなどが溶け込んでいます。

赤血球は円盤状の細胞で、鉄を含むヘモグロビンという赤い色素を含んでおり、酸素の濃度が高いところでは酸素と結合し、濃度の低いところでは酸素を放出する性質をもっています。これが、肺でのガス交換に利用されています。

通常、細胞は核をもっていますが、赤血球は核をもっていません。中央が窪《くぼ》んでおり、形を変えることで細い毛細血管の中でも通り抜けることができるのです。

白血球というのは免疫を担当する細胞の総称で、殺菌物質を放出する顆粒球《かりゅうきゅう》、異物を特異的に攻撃するTリンパ球と抗体をつくるBリンパ球、病原体などを取り込んで消化する単球などの貪食《どんしょく》細胞（マクロファージや樹状細胞）などがあり、それぞれが異なる働きを担って連係プレーで細菌やウイルスなどから体を守っています。

血小板は血球の中では最も小さく、円盤状をした核をもたない細胞断片です。血管が傷ついて出血したときは偽足を伸ばした細胞に変化して傷口に入り込み、血漿に溶けているフィブリノーゲンというタンパク質をフィブリンという線維に変えて血液を凝固し、血栓をつくって止血しています。ケガをしたとき、血が止まった後にカサブタができるのも、この血栓の一種といえます。こうした血球と、液体成分である血漿が血管内を流れることで、必要な組織に必要な成分を運んだり、血球の働きを助けたりしています。

免疫系 ―― 異物の侵入を防ぐ関所

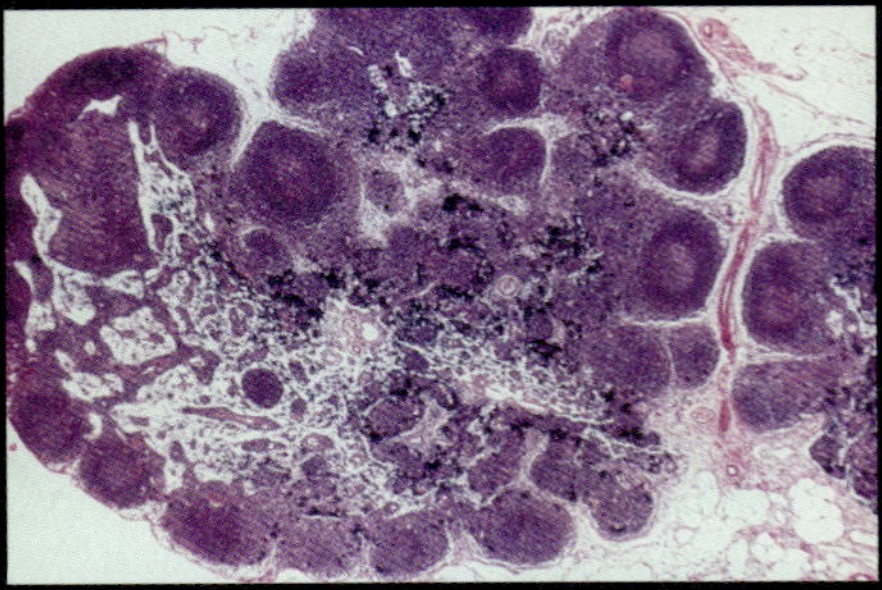

▲**リンパ節の断面**　リンパ節には多数の輸入リンパ管が周囲から被膜を通して流れ込みます。そして少数の輸出リンパ管が１個所の出口（左上の窪み）から出ていきます。リンパ節の内部にはリンパ小節（濃赤紫色）が散らばっており、その内部の色の薄い部分（薄赤紫色）が胚中心で、ここでＢリンパ球が増殖しています。リンパ液がリンパ節を通り抜ける間に、マクロファージなど貪食性の細胞によって異物が排除されます。

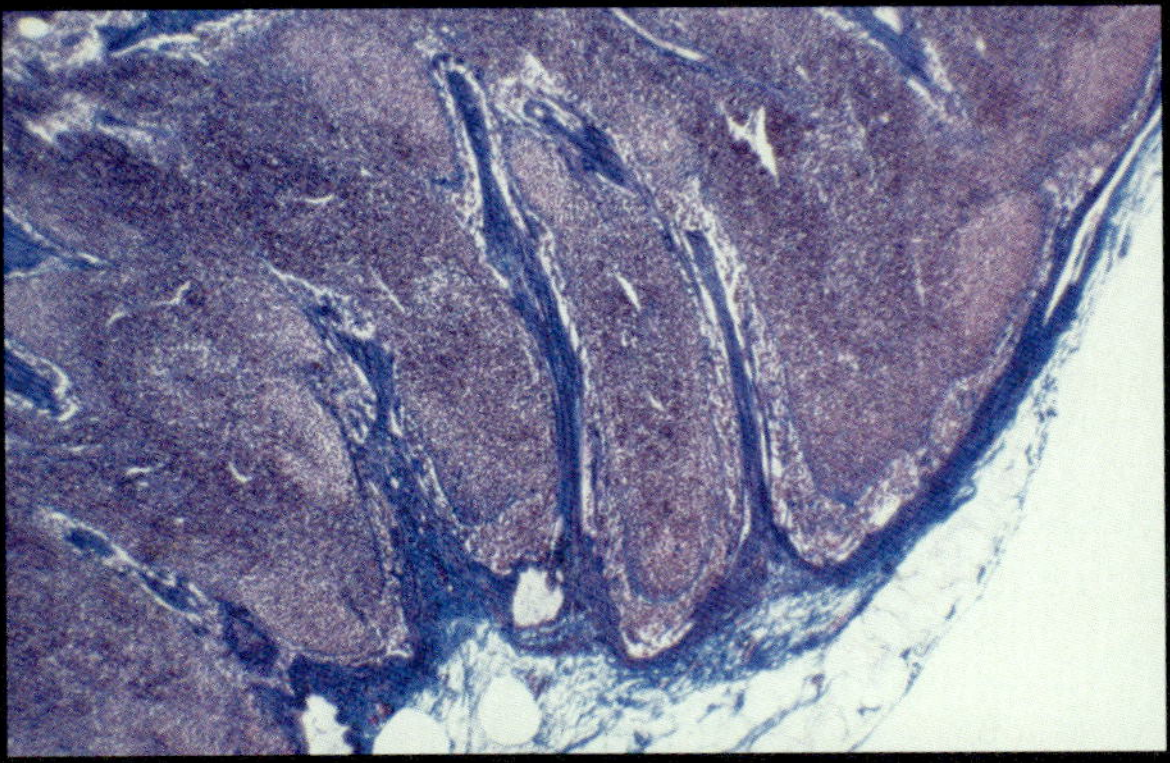

▲**リンパ節の断面**　リンパ節はリンパ管の要所に挟まっていて、リンパに含まれる異物や細菌を処理します。リンパ節の表面は結合組織性の被膜（青色）で包まれ、被膜の直下には液洞が広がっています。内部にはリンパ球が集まったリンパ小節（紫色）がいくつも散らばっており、ここで貪食性の樹状細胞が異物を分解して抗原を提示し、Ｔリンパ球とＢリンパ球が協力して免疫反応を行います。

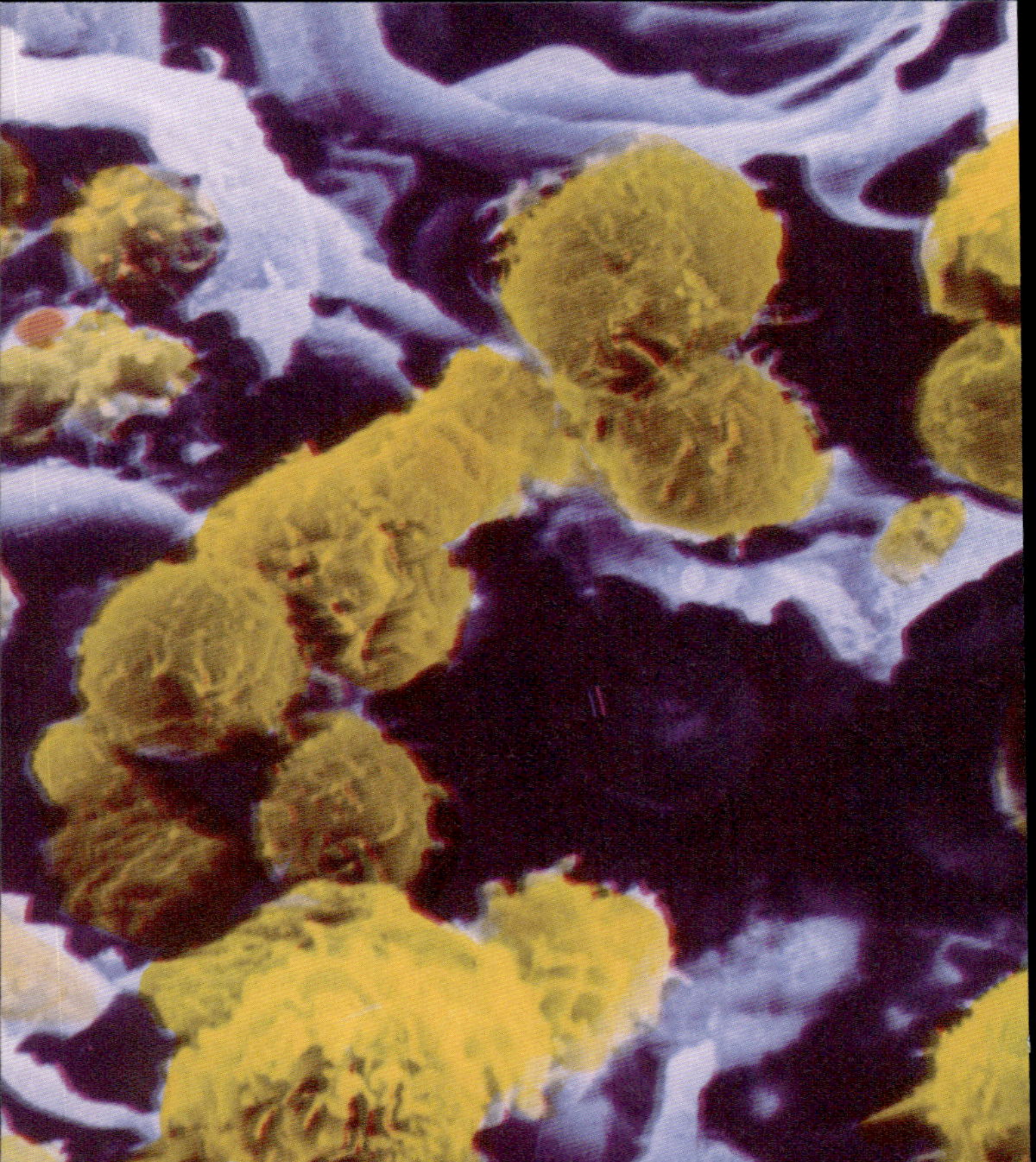

▲リンパ節の被膜直下の液洞に見られるリンパ球　リンパ管はリンパ節の被膜をつらぬいて、被膜直下の液洞に注ぎます。ここでリンパ液の流れは緩やかになり、リンパ球（黄色）もここにしばらく滞在します。

動脈と静脈をつなぐ毛細血管で物質交換を行うとき、血管にかかる圧力で血漿の一部が周囲の細胞組織に漏れ出ます。しかし、漏れた液のほとんどは毛細血管の下流で、タンパク質の濃度差を利用して回収されています。

物質の濃度に差があるときは、濃度の低いほうから高いほうに物質を移動する力が働きます。血管の中にはタンパク質が存在しますが、外にはありません。そこで、血管壁を隔てて濃度の高い血管内に、漏れた液を引き寄せているのです。これを膠質浸透圧《こうしつ》といいます。

こうして漏れ出た液のすべてが戻れば帳尻《ちょうじり》が合ってよいのですが、迷子になっている液があるのです。その迷子を回収し、静脈に戻しているのがリンパ管です。ここには透明なリンパ液が流れており、古い細胞や血球の死骸《しがい》などの老廃物、腸管で吸収された脂肪を運ぶ役目を果たしています。

リンパ管はほぼ血管に沿って走っており、細いリンパ管が合流しながらしだいに太くなっていき、最後は一本の管になって首の付け根の大きな静脈（鎖骨下静脈）に流れ込みます。静脈と同様にリンパ管も平たい形をして、筋肉のポンプ作用でリンパ液を先へ先へと送っているため、ところどころに弁がついて逆流を防いでいます。

ですから動かずに立ちっぱなしでいたりすると、筋肉の力で静脈血やリンパ液を押し上げることができなくなり、血液もリンパ液もなかなか心臓に戻れなくなります。そうなると、毛細血管に大きな圧力がかかって血漿などの液が漏れやすくなり、リンパ管での回収も滞った状態になり、足のむくみとなって現れます。

リンパ管の途中でリンパ管が合流しようとする部分にリンパ節があります。リンパ管の末端はオープンになっているため、水分だけではなく異物でも何でも取り込んでしまいます。このままの状態で静脈に戻すのは大変危険なことです。そこで、リンパ節というフィルターを置くことで、体にとって有害なものは除去し、無害なものだけを静脈に戻しています。そのため、リンパ節にはさまざまな種類の免疫担当細胞が集まっており、細菌やウイルスが侵入してきたときには迎え撃つという免疫の働きも担っています。

リンパ節は、首や脇の下、足の付け根などにあり、触るとコリコリする部分です。風邪をひいたときに腫《は》れるのは、まさに免疫担当細胞がウイルスと闘っている証《あかし》でもあります。

リンパ節はソラマメのような形をした器官で、外がわは被膜に包まれ、内部にはリンパ小節が多数存在しています。ソラマメの膨らんでいる部分にはリンパ管が集まっており、リンパ液が入ってくる輸入リンパ管があります。そして、リンパ節で濾過《ろか》されたリンパ液は、ソラマメの窪んだ部分にある輸出リンパ管から出て静脈に入り心臓に戻されます。

# 脾臓 ― 抗体をつくる免疫器官

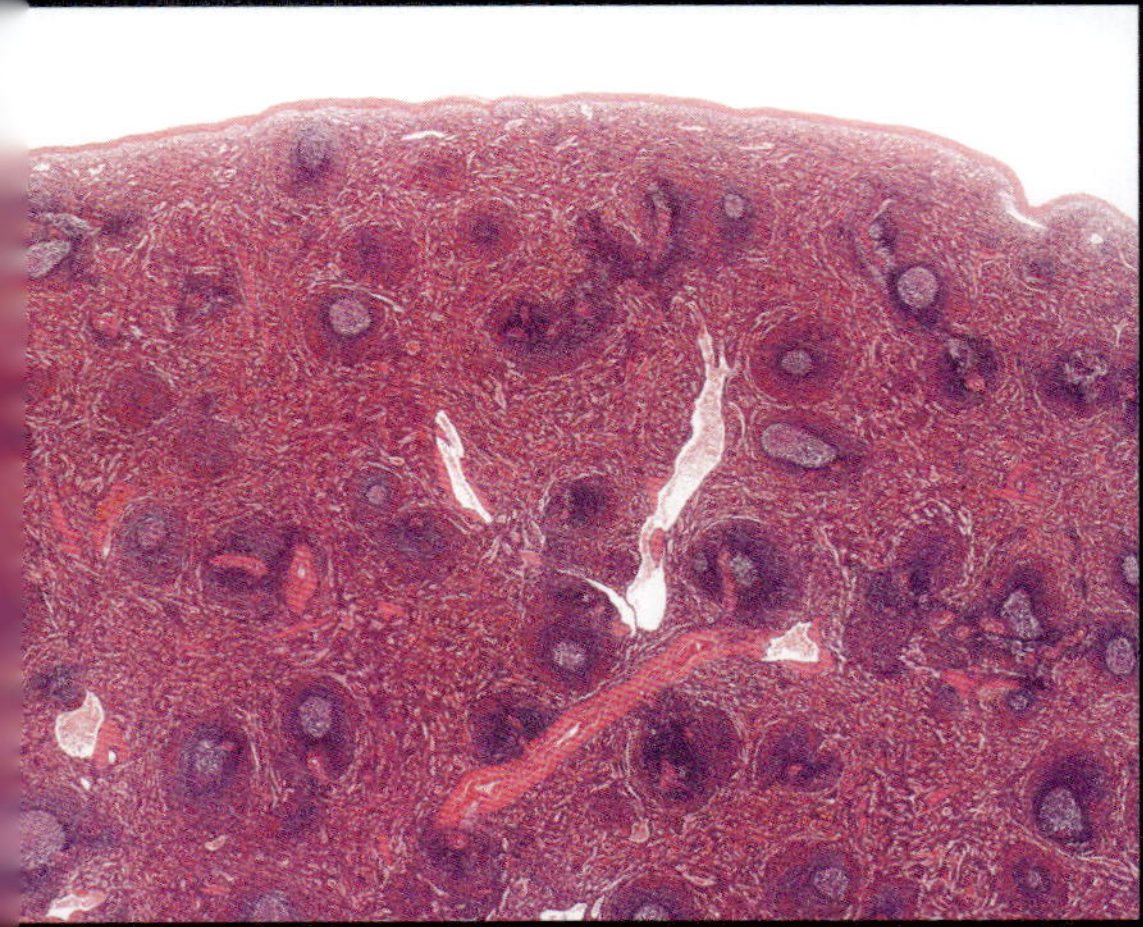

▲脾臓のスライス　脾臓の内部は、赤脾髄（ピンク色）と白脾髄（紫色）に分かれています。組織の大部分は赤脾髄が占めていて、ここは赤血球で満たされています。白脾髄には免疫を担当する貪食細胞やリンパ球などが常駐しています。

名前は聞いたことがあっても、どこにあるのか場所も働きも知っている人が少ない地味な臓器の一つが、脾臓《ひぞう》ではないでしょうか。脾臓は、左上腹部の背中側にあるソラマメの形をした、赤黒くてスポンジ状の柔らかい臓器です。

脾臓の表面を覆っている被膜が中まで入り、脾柱《ひちゅう》をつくっています。内部は赤血球で満たされた静脈洞からなる赤脾髄《せきひずい》という組織が大部分を占めています。脾柱の間の動脈周辺に、免疫担当細胞が集まっている白脾髄《はくひずい》という組織があります。両者は異なる役割を担っています。

赤脾髄は、老化した赤血球を破壊する仕事をしています。古くなって細胞膜が硬くなったり、形が崩れた赤血球は、脾臓内の細い血管を通り抜ける間に壊されます。そして、再利用できる鉄分は回収され、残りのヘモグロビンのヘムは代謝されてビリルビンとなって肝臓に運ばれ、胆汁の成分となって排出されます。

急に走り出したとき、左脇腹《わきばら》が痛くなることがありますね。これは、スポンジ状の脾臓が、溜め込んでいる赤血球を放出して縮むからだといわれています。

白脾髄では、免疫反応を起こす仕事をしています。マクロファージといわれる貪食細胞やリンパ球がたくさん常駐し、血液中の抗原（細菌などの異物）をマクロファージが食べ（貪食）、その抗原を認識したリンパ球が抗体をつくっています。

第6章

# 脳・神経

全身をコントロールする
情報システム

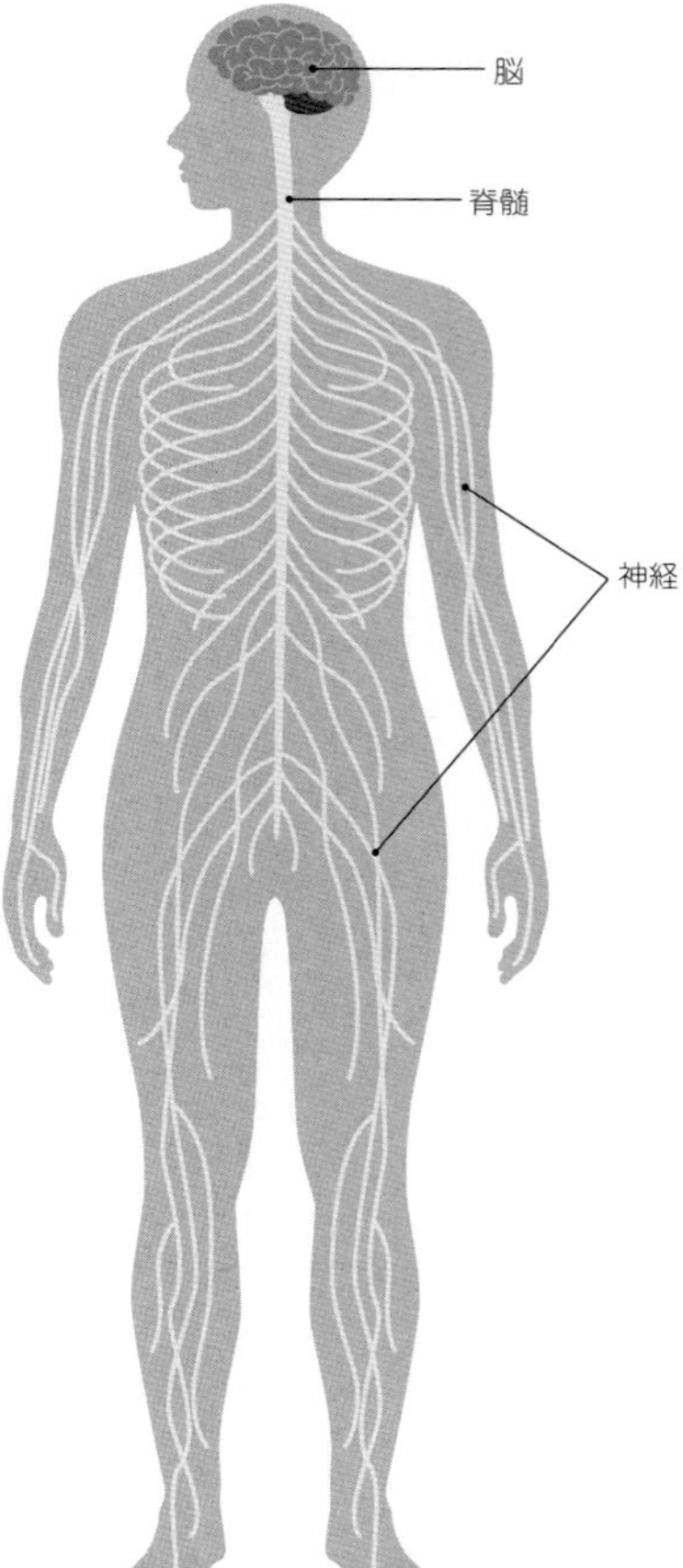

体内のすべての臓器や器官は、それぞれが役割をもって機能しています。しかし、これらがバラバラに働いていたのでは生命を維持することはできません。一人の人間の体として生命活動をスムースに行うには、全身状態を把握してバランスをとり、全体をまとめるコントロールセンターが必要です。

その司令塔の役割を担っているのが脳と脊髄《せきずい》です。脳は大きく分けると、大脳・小脳・脳幹からなっています。大脳は主に思考や感覚などを司《つかさど》り、小脳は運動機能、脳幹は生命活動を支配しています。脊髄は脳から下に続きます。けれども、いくら脳と脊髄が全身をコントロールしようとしても、連絡網がなければ指示を伝えることはできません。そこで、脳・脊髄と全身の各臓器や器官をつないで、適切な情報伝達を行っているのが神経なのです。

神経は、全身にくまなく張り巡らされ、各臓器や器官からの情報を脳・脊髄に伝え、脳・脊髄がそれを整理して必要な器官に指示を出したり、脳・脊髄からの指令を各臓器に伝えています。これによって脳と脊髄も、人体の司令塔として機能することができるのです。

しかも、神経の情報伝達は、電気信号と化学信号の組み合わせで行われますが、そのスピードは最大で秒速一二〇メートルです。瞬時に伝えられることで、円滑に生命活動を営むことができているのです。

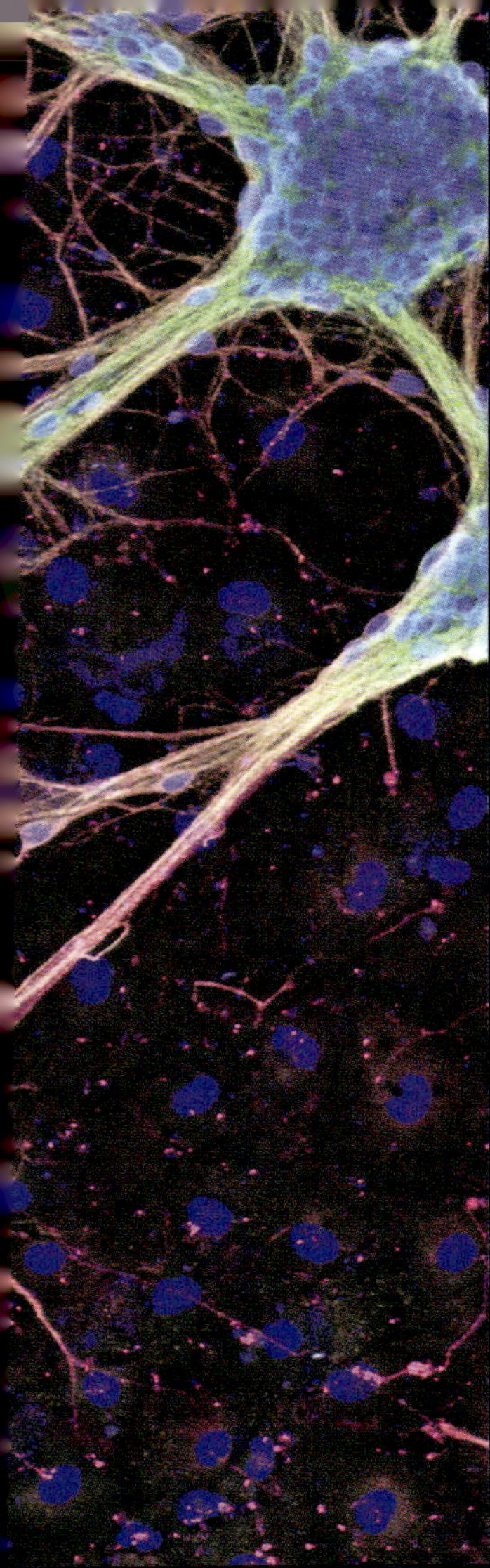

# 脳

## ――全身の器官を統括する生命活動の根幹

◀培養された神経細胞
脳を構成する最小の単位を探していくと、ニューロンと呼ばれる神経細胞に行き着きます。脳内には無数のニューロンがあり、突起として伸ばした神経線維を張り巡らせ、情報を駆け巡らせて、瞬時に伝達します。ここに見えているのは脳から取り出して培養している神経細胞です。神経細胞体（明青色）から何本もの神経突起が出ており、短いもの（緑色）、長いもの（ピンク色）さまざまあります。脳内ではこのうちの１本が情報を遠くへ運ぶ軸索であり、他は情報を受け取る樹状突起になります。

**▼脳の正中断面**　脳を真ん中で切り分けた右半分で、向かって左が前にあたります。脳の大半を占める太いシワのある部分が大脳で、記憶や意識など高度な働きをしています。中央部の間脳から下の方に脳幹がつながり、呼吸や体温調節など生命の維持に直結する働きをしています。その右側にある小脳は、身体の運動機能を調節しています。

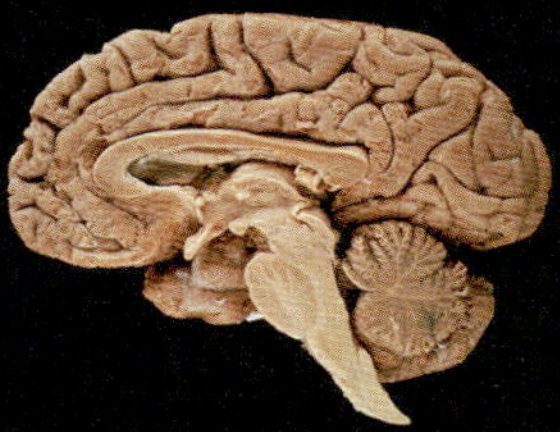

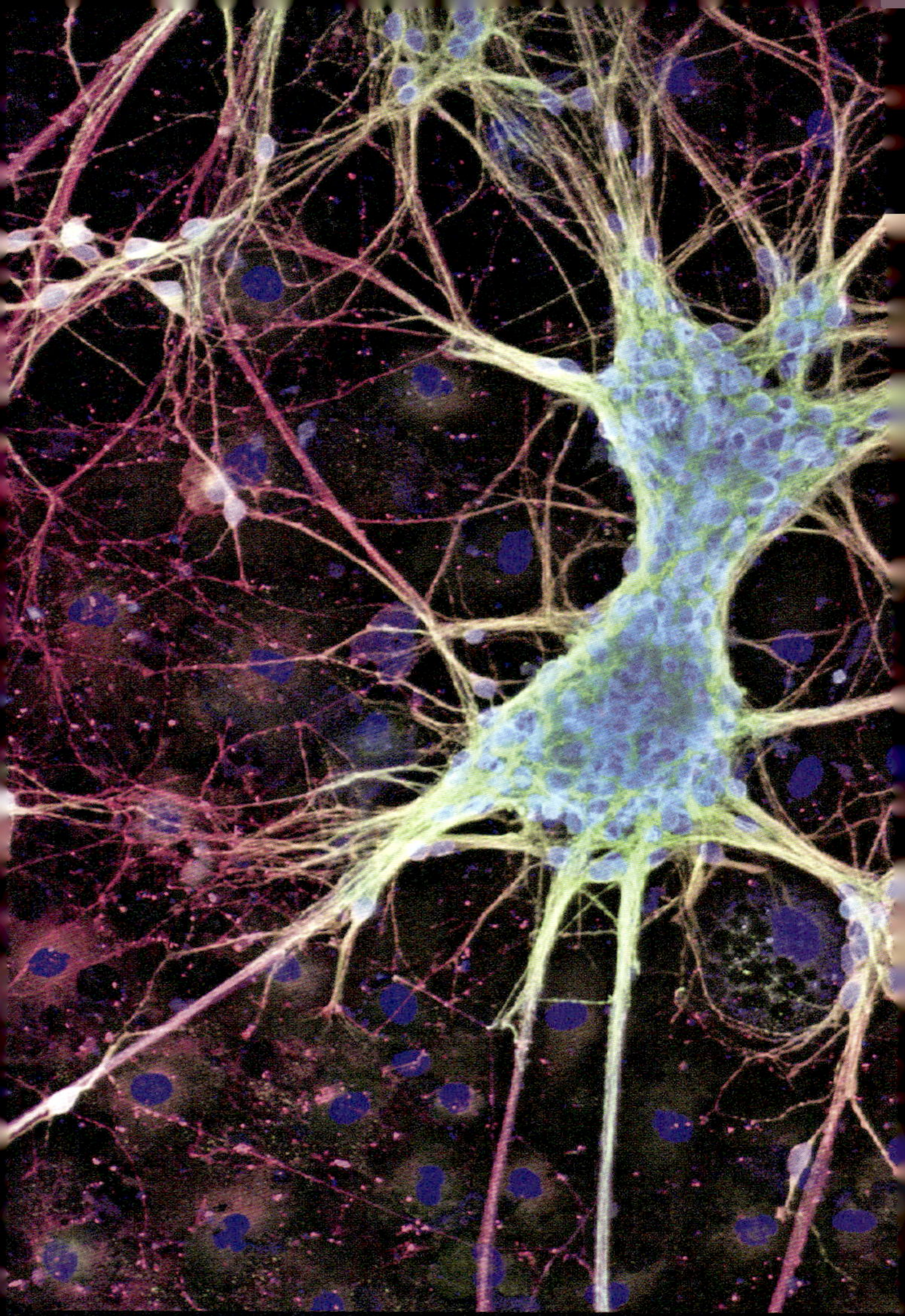

全身の司令塔の役目を担う脳は、臓器や器官をコントロールするだけでなく、言語機能や運動機能もコントロールし、そのうえ記憶したり、本能や感情などといった精神活動を営むなど、じつに多彩な仕事をこなしています。脳に障害が起こると人間のあらゆる機能に支障をきたすので、何重にもガードされています。

脳は豆腐のように柔らかい組織のため、壊れないように外がわは頭蓋骨《ずがいこつ》という硬い骨で覆われ、その下には硬膜、クモ膜、軟膜と三重の髄膜《ずいまく》で守られています。さらに、クモ膜と軟膜の間は脳脊髄液で満たされ、そこに浮いた状態で衝撃を吸収しています。また、脳の重さは成人男性で一三五〇―一四〇〇グラムもありますが、浮力によって三分の一ほどに軽減されているのです。

こうして頭蓋骨の中に脳は収まっており、役割の異なる大脳・小脳・脳幹に大きく分けられますが、総重量の約八割を大脳が占めています。

脳の構造はとても複雑です。大脳は左右二つの半球に分かれ、脳梁《のうりょう》という神経線維の束でつながっています。背側の下には小脳、下部の中央には間脳（視床《ししょう》・視床下部）と、中脳、橋《きょう》、延髄《えんずい》からなる脳幹があり、延髄は脊柱管《せきちゅうかん》（背骨）の中を通る脊髄へとつながっています。

これらの器官が連携して全身のあらゆる機能をコントロールしています。その連絡は脳の中に張り巡らされている情報ネットワークによって行われ、その役目を担っているのが、ニューロンと呼ばれる神経細胞です。

ニューロンは、中心となる細胞体と、細胞体から出ている樹状突起と軸索という二種類の突起で構成されています。樹状突起は細胞体から枝のように伸び、他のニューロンからの情報を受け取る場所になっています。軸索は長く伸びて細胞体からの情報を遠方に運び、その末端が他のニューロンに接触して情報を伝えるためのシナプスを形成しています。

神経を通して外界からの感覚情報を脳に伝えたり、運動指令を末梢器官《まつしょう》に送ったりしているのもニューロンです。その情報は電気信号と化学信号で伝えられています。一つのニューロンの軸索では電気信号が情報を運びますが、ニューロン同士の間には少し隙間があいています。これでは隣のニューロンに電気信号を送ることができません。そこで、軸索の末端は他のニューロンと接触してシナプスをつくり、微量の神経伝達物質という化学物質を放出し、その物質を隣のニューロンが受け取ることで情報を伝えています。そして次のニューロンでも同様にして情報を伝えていきます。

こうして脳内の情報ネットワークがつくられていることで、脳は全身をコントロールする司令塔としての役目を果たすことができるのです。

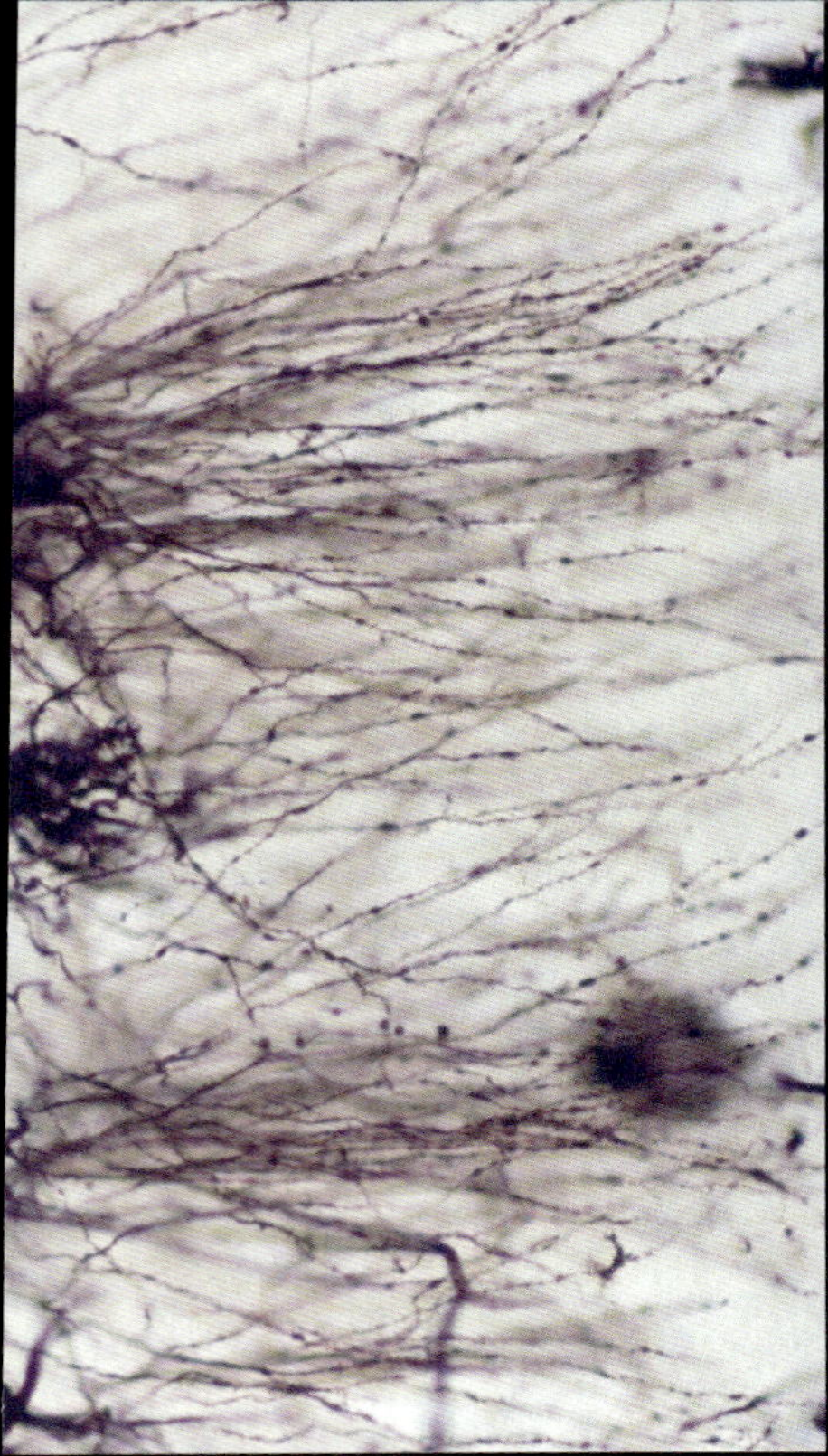

▶小脳のスライス　小脳表面の小脳皮質は、上半分が分子層（茶色と青色）で、下半分が顆粒層（緑色）になっています。分子層と顆粒層の間に並んでいるプルキンエ細胞（赤色）は、大型で小脳に独特の細胞です。上に向かって数多くの樹状突起を伸ばして情報を受け取り、下に向かって軸索を伸ばして情報を深部の小脳核に送り届けます。

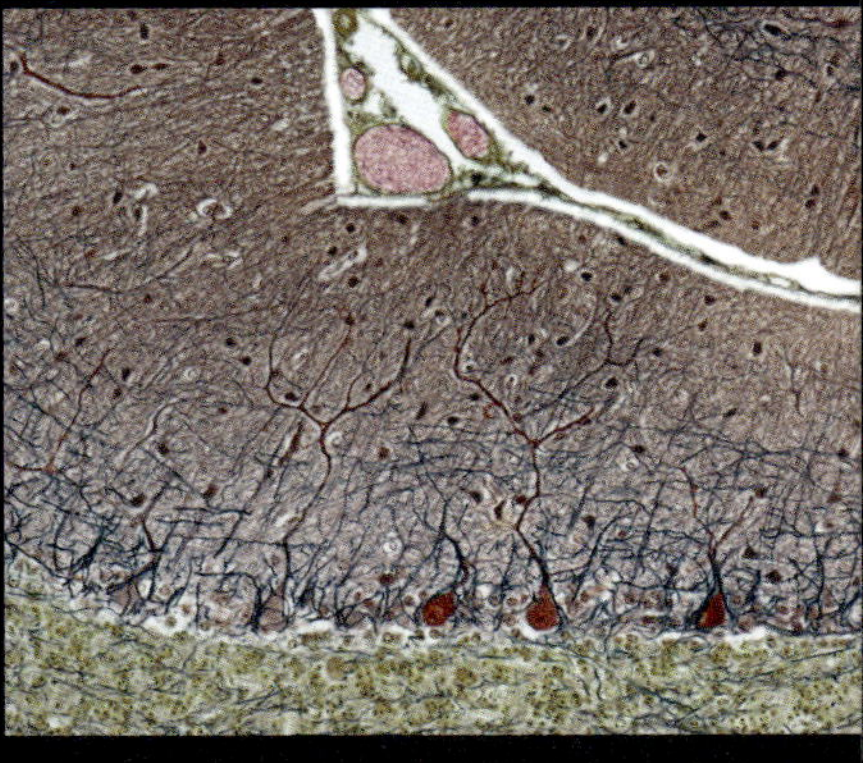

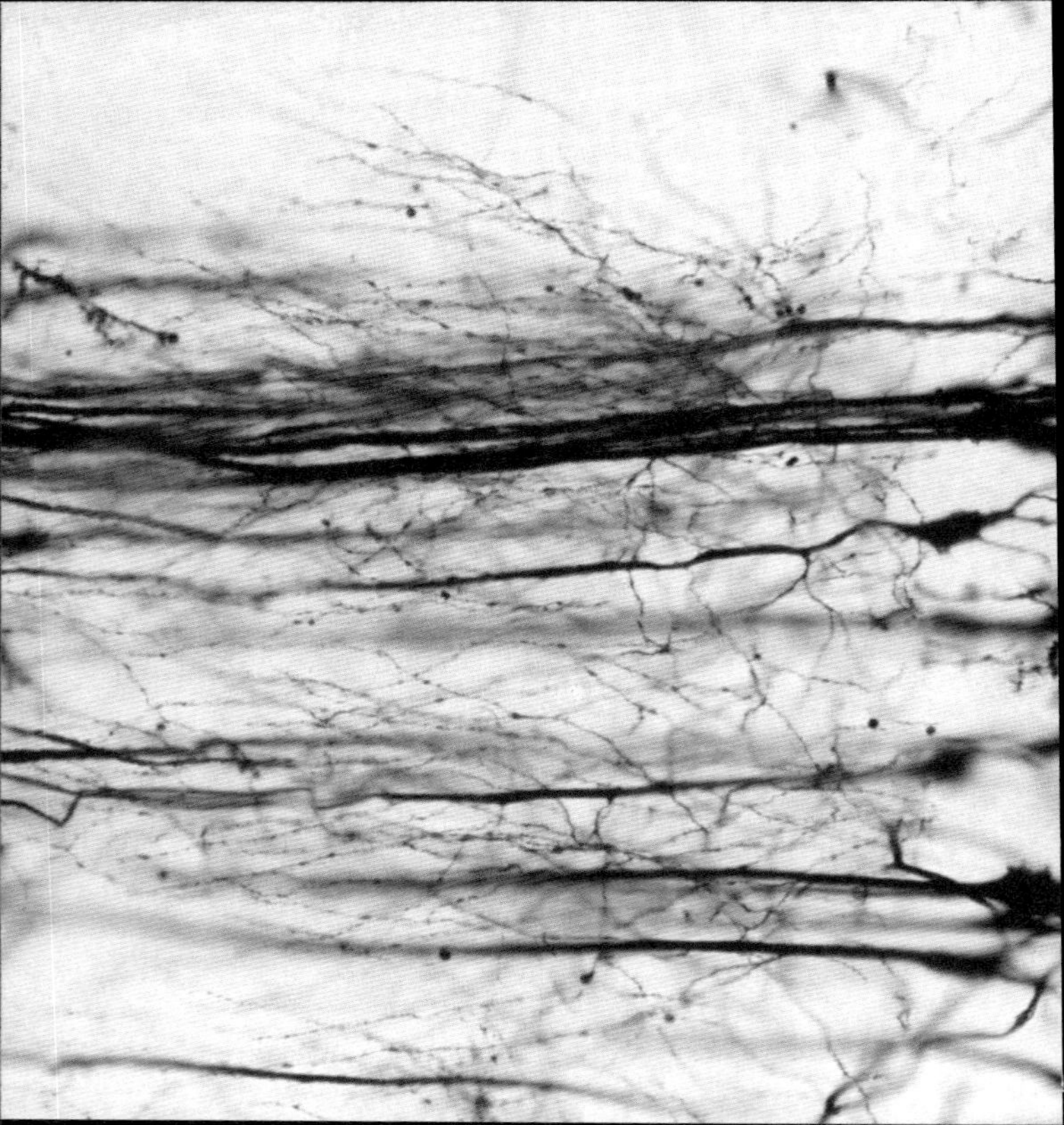

▲**大脳皮質（海馬）の神経細胞**　大脳皮質は、大脳の表面に神経細胞が集まった領域で、部位によりさまざまな働きを営んでいます。この写真は海馬という記憶を司る領域のもので、円錐状の錐体細胞が見えています。錐体細胞の細胞体から右側に多数の樹状突起が出て、他のニューロンからの情報を受け取り、左側に向かって１本の軸索突起が出て別の部位に情報を送り出しています。

脳の大半を占める大脳は、表面を神経細胞（ニューロン）が集まっている皮質（灰白質）が覆い、内部は神経線維が集まっている髄質（白質）という素材の異なる二層からなっています。実際に脳組織の断面を見ると、皮質は暗い灰色（ニューロンの細胞体の色）をしており、白質は明るく白色をしています。

左右二つの半球は、その真ん中を通る脳梁によって相互の連絡を取りながらも別々に働いています。たとえば手足を動かす運動の指令は左右の両方から出されますが、右脳からの指令は左半身に、左脳からの指令は右半身に伝っています。これは、大脳と体の各部分をつなぐ神経が、延髄で交叉《こうさ》しているからなのです。

一方、片方に機能が集中していることもあります。右脳は物事を直感的にイメージしたり、創造的な発想の感覚機能があり、絵を描いたり音楽を聴いたり演奏したり、芸術的な活動に能力を発揮します。これに対し、左脳は言葉や記号を使って理論的に考える機能をもっており、聞く・話す・書くといった言語に関することや計算など、知的活動に能力を発揮します。

脊椎動物の脳はすべて左右二つに分かれていますが、なかでも人間では左右の脳の機能が分化しています。

このように膨大な情報を蓄えるために、大脳を覆っている皮質は蛇腹のようにシワをつくることで表面積を大きくし、広げると新聞紙一面分にもなります。

大脳の後ろ下方にあって脳全体の約一割を占めているのが小脳です。大脳と同様に皮質と髄質で構成されています。神経細胞が集まって皮質をつくるのは大脳と小脳だけです。他の脳の部分にはほぼ皮質がありません。小脳の重さは、成人男性で約一三五グラム程度ですが、一平方ミリメートルに約五〇万個の神経細胞が集まっています。表面には大脳より細い溝がたくさん走り、これによって皮質の表面積が広くなっています。

小脳では、手足をスムースに動かしたり、歩いたり、走ったりといった運動をコントロールしたり、内耳からの平衡感覚によって眼球の運動を調節して体のバランスをとったり、大脳や脊髄と結びついて運動や姿勢を調節するなど、主に運動機能を担当しています。

運動指令そのものは大脳から全身へと送られますが、小脳は大脳の指令を感覚情報と照合して細かく調節しています。このために微妙な運動も、スムースに行うことができるのです。

また、運動の記憶も担っています。たとえば誰もが最初から自転車に乗れるわけではありませんね。自転車に乗る練習をして、うまく乗れなくて何度も転んだりしますが、経験を積むと体が覚えて乗れるようになります。一度乗れるようになると、何年も乗らなくても体が覚えているので、すぐに乗れるものです。こういう運動記憶を担っているのも小脳なのです。

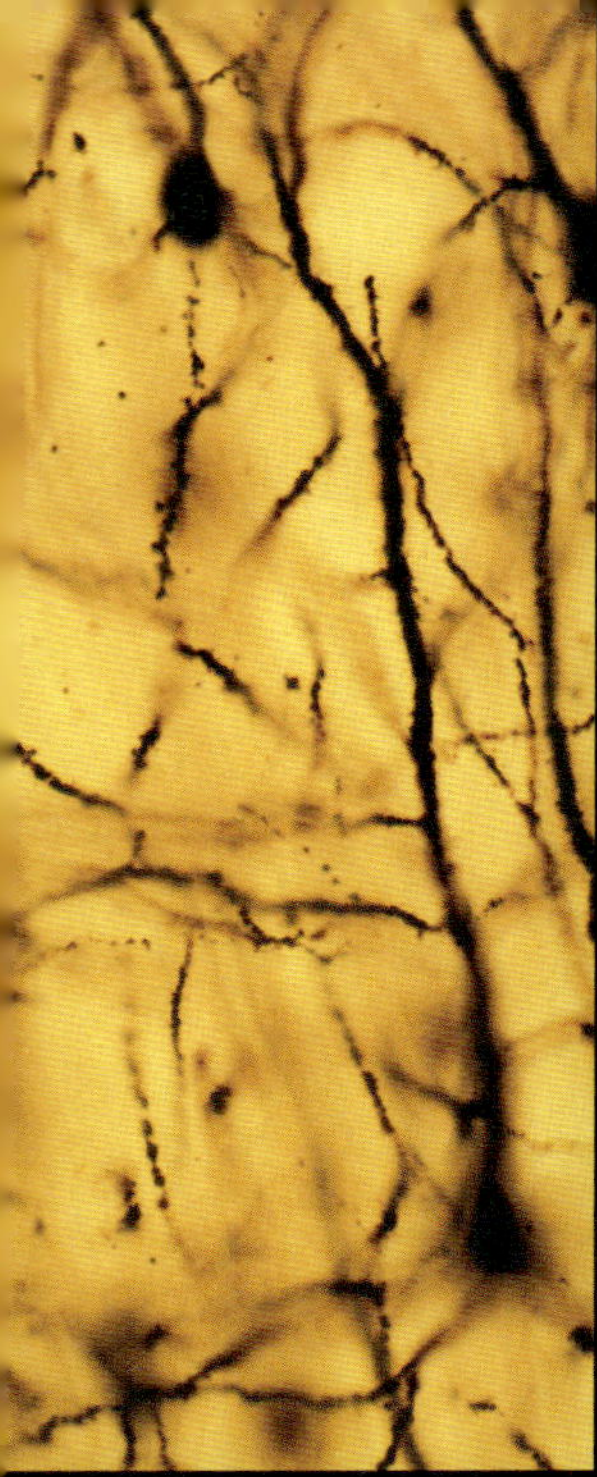

▼**小脳の断面**　小脳の中心部を占める小脳髄質（オレンジ色）は神経線維が集まっていますが、これが樹木のように枝分かれして小脳の隅々に伸び出しています。その周りを小脳皮質が包んでいますが、２層に分かれています。表面に近い分子層（黄色）と深層の顆粒層（茶色）です。小脳の断面では、とても美しい形が現れてきます。

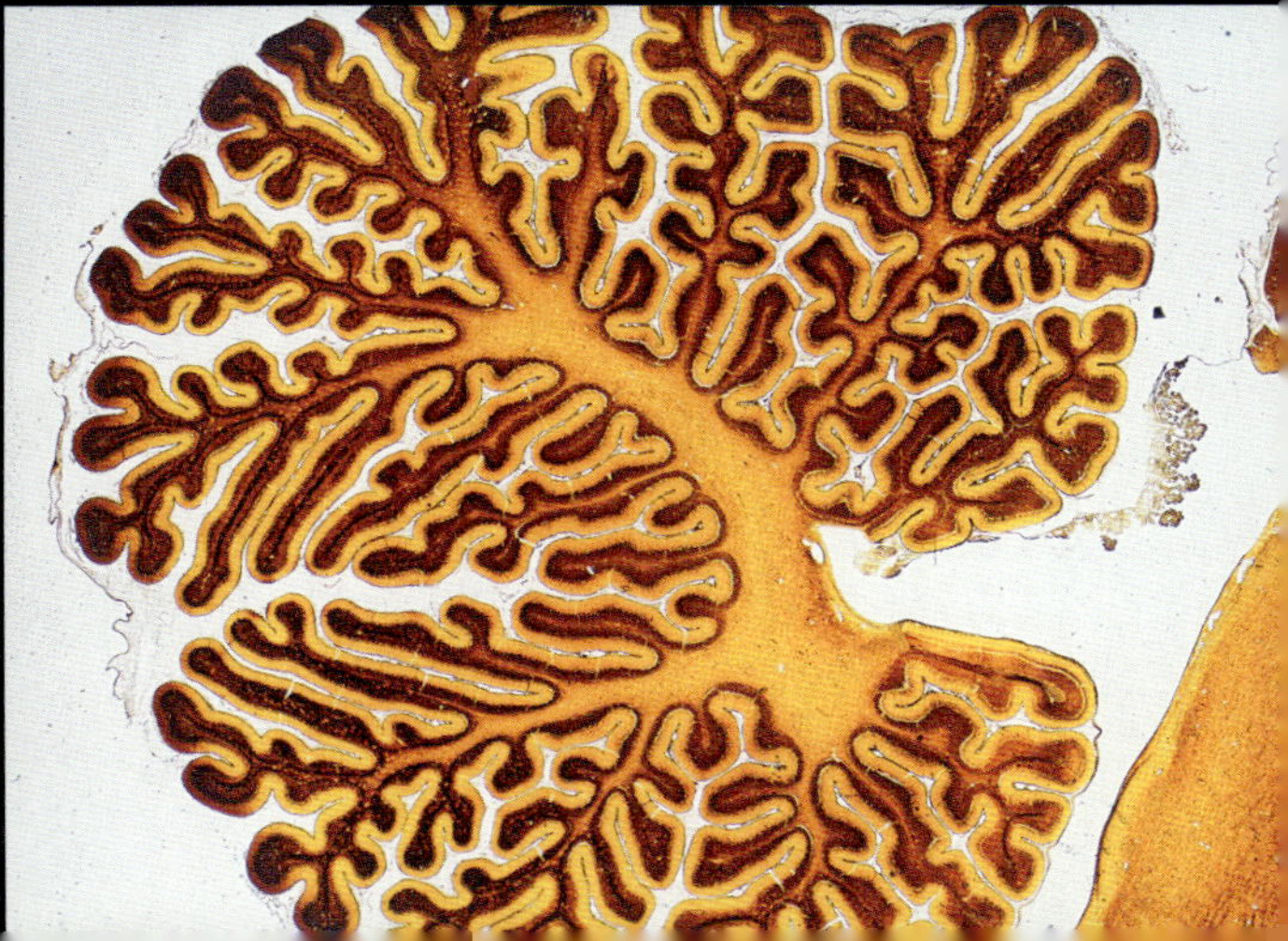

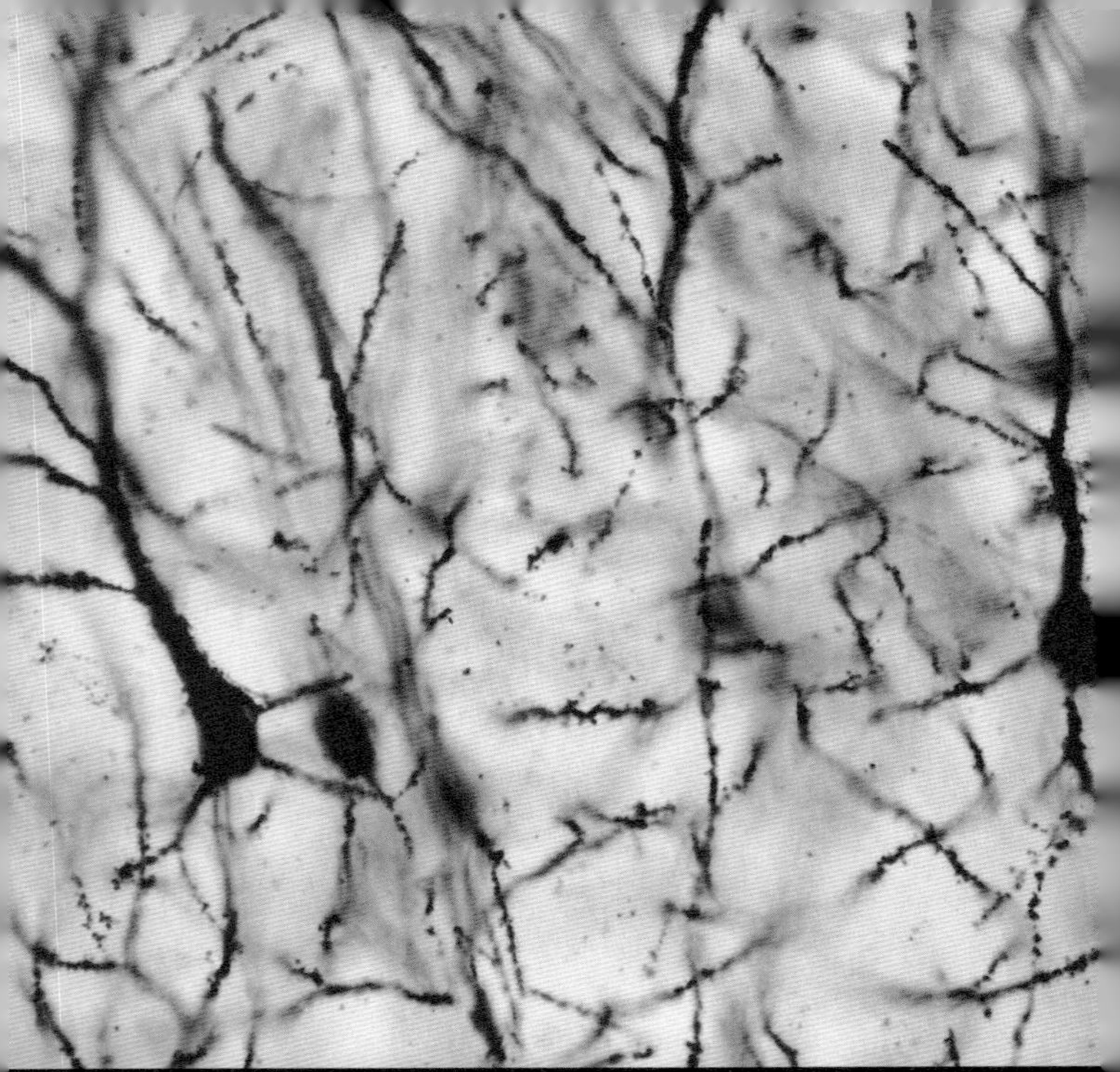

▲**大脳皮質のニューロン**　黒い円形の神経細胞体から横と上に伸びている樹状突起が信号を受け取り、細胞体に送ります。細胞体からは下方に向かって１本の軸索が出ており、これを通して電気信号を遠くの場所に送り、別のニューロンの樹状突起と接触してシナプスを形成し、化学物質を使って情報を伝達します。これを繰り返して情報が脳の中でネットワークをつくって次々と広がっていきます。

## 生命活動を維持している脳幹

大脳が意識的な活動にかかわり、小脳が運動機能にかかわっているのに対して、無意識的な活動を担当しているのが脳幹です。

大脳と脳幹の間にある部分を間脳といい、ここには視床と視床下部があります。視床は大脳と結びつきの強い部分で、脊髄などから伝わってきた感覚の情報を整理して大脳に伝えています。視床下部は、本能や情動の中枢になっており、自律神経や内分泌（ホルモン）を調節する役目ももっています。

間脳を脳幹に含める場合もありますが、機能的には大脳に近いことから現在は、独立させることが多くなっています。この間脳の下から脳幹は続いており、中脳・橋・延髄で構成されています。大脳を支える「幹」という意味をもち、体のすみずみから脳に届く情報も、大脳から出ていく指令も、すべてがこの脳幹を通過しています。

脳幹は「命の座」とも呼ばれますが、呼吸や心臓の活動、体温調節など、生命を維持するための機能を支配しており、脳から出る神経が集中している重要な場所です。私たちが眠っているときでも心臓が拍動を続けたり、呼吸をし続けることができるのも、すべてが脳幹の働きによるものなのです。また、大脳皮質の神経細胞の働きを調整したり、睡眠と覚醒のリズムをつくる役目も担っています。

中脳は太い神経の束が通過し、体のバランスを保ったり、視覚や聴覚の中間中枢となっています。その下の膨らんでいる橋という部分は、大脳皮質から小脳に向かう神経の中継点となって顔や眼を動かす神経などが出ています。その下に続く延髄は、クシャミやセキで異物の侵入を防ぐ反射中枢や、無意識に食物を噛《か》んで飲み込む（嚥下《えんげ》）運動の中枢でもあり、なおかつ呼吸や血液循環、発汗、排泄《はいせつ》などを調節する生命機能の中枢にもなっています。

そのため、何らかの原因で脳幹の機能が損なわれると、呼吸も心臓の活動も体温の調節もできなくなり、生命を維持することが難しくなります。これが、命の座といわれる理由です。

また、脳幹の大きな特徴の一つとして、脊髄（脳から下に続き背骨の中を通っている）を通らずに脳と末梢を直接結ぶ神経（脳神経）が出入りしていることが挙げられます。脳神経は左右一二対あり、このうちの嗅神経《きゆうしんけい》と視神経は間脳と直接つながっていますが、残りの一〇対はすべて脳幹に通じています。眼や耳などの感覚器官でキャッチした情報は、脳神経を経て脳に伝えられ、脳から頭部の器官への指令もまた脳神経を通じて伝えられています。

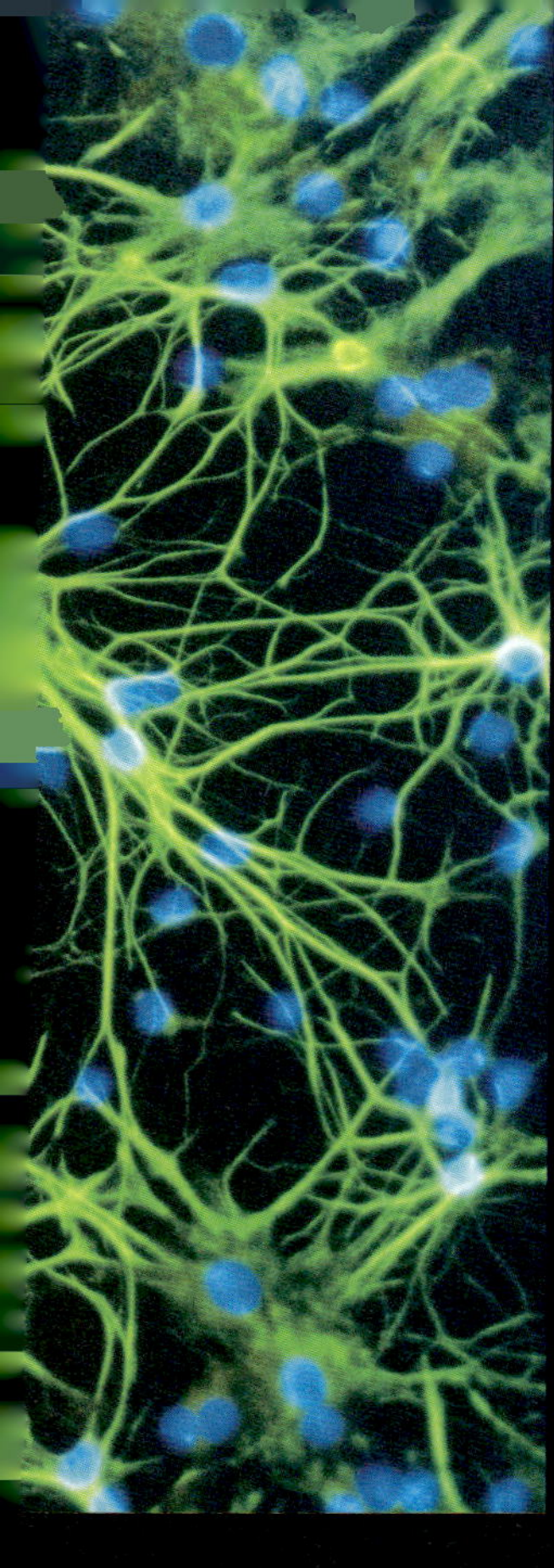

# 神経系

## ——脳と全身を結ぶ情報連絡ネットワーク

▼有髄神経線維　脳の外の神経が見えていますが、神経線維（茶色）はニューロンから突き出た軸索であり、それぞれ髄鞘（紫色）によって包まれています。髄鞘は脂質に富んだ絶縁体ですが、シュワン細胞が薄いシート状になって軸索の周りを何重にも取り巻いたものです。髄鞘に包まれた神経線維では情報伝導の速度が飛躍的に速くなります。脳の中の神経線維も同様に髄鞘に包まれていますが、そちらの髄鞘は稀突起グリア細胞がつくっています。

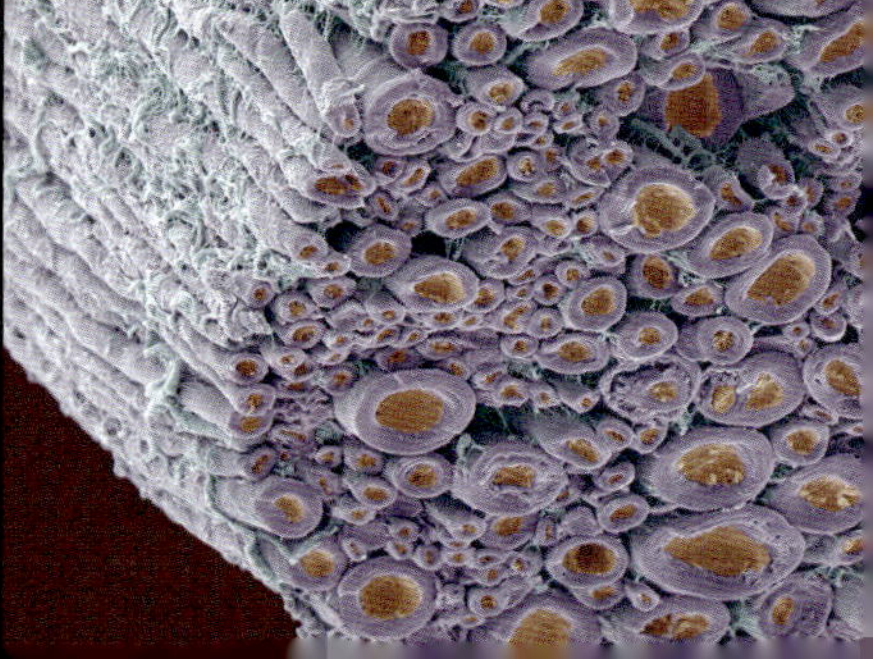

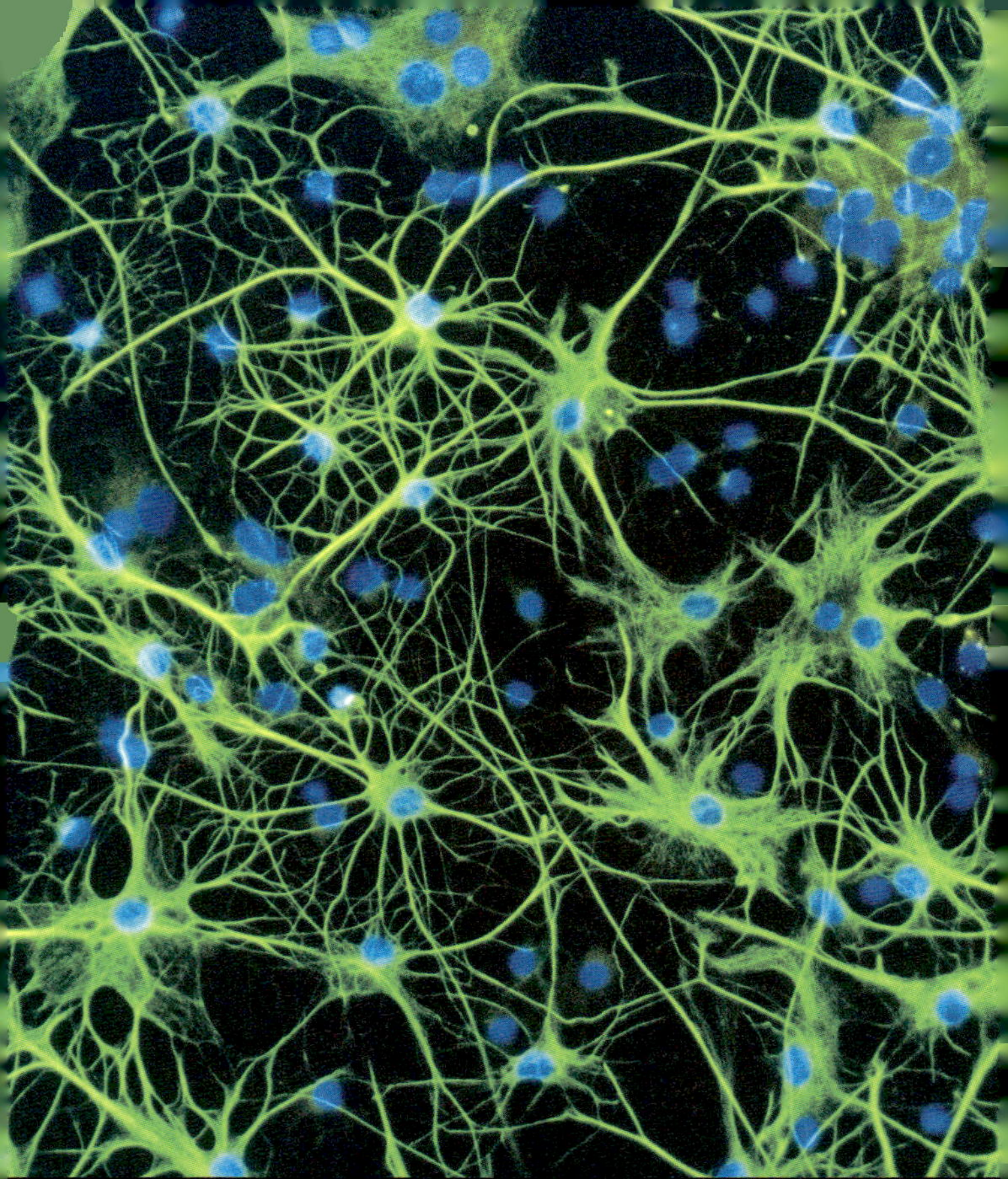

▲**大脳皮質の星状グリア細胞**　脳には、ニューロンと呼ばれる神経細胞の他に、ニューロンを支持・援助する細胞があり、グリア細胞と呼ばれます。グリア細胞には３種類あり、ここに見えているのは星状グリア細胞で、ニューロンを栄養する働きをしています。すべての細胞の核が青く染まり、星状グリア細胞の細胞体と突起だけが緑色に見えています。この他に、稀突起グリア細胞は神経線維の周りを絶縁体で包む働きをしており、小グリア細胞は脳の中の異物を貪食して処理をします。

人体という巨大な組織の働きは、神経系と呼ばれる機構を通してコントロールされています。全身にくまなく張り巡らされている神経は、体の内外からの刺激に対して素早く反応し、内臓をはじめとする各器官に情報を伝える役目を担っています。

神経系は、情報処理の中心となる中枢神経系と、中枢神経から全身に枝分かれする末梢神経系に大きく分けられます。中枢神経系は、脳とそれに続く脊髄からなり、それぞれ頭部と背骨の中（脊柱管）とにあります。末梢神経系は、中枢神経以外のすべての神経を指しており、脳から左右に出ている一二対の脳神経と、脊髄から出ている左右三一対の脊髄神経があり、さらに細かく分かれて体のすみずみに分布しています。

脳とつながる脊髄は、首から腰まで伸びている神経細胞と神経線維の集まりです。皮膚や筋肉からの情報は、この脊髄を通って脳へ送られ、脳からの指令もまた脊髄を経由して体の各部位へと伝達されます。つまり、脊髄は脳と全身を結ぶ神経の連絡路の働きもしています。とても重要な器官のため、脳と同様に背骨の中では何重にもガードされています。

しかし、歩いていて石につまずくなど、瞬時に危険を回避しなければならないときは、脊髄が脳の代わりとなって命令を下し、筋肉が収縮して手をつくなど、反射運動を起こします。

これに対して末梢神経系は、役割によって受信機能を担当する感覚神経、発信機能を担当する運動神経、そして自律神経に大きく分かれています。

感覚神経は、見る・聞く・触る・味わう・嗅《か》ぐといった感覚に関する情報を脳に伝えています。運動神経は、体を動かすときに脳が出した運動指令を、体の末端に伝えています。自律神経は、内臓や血管などの働きを統制しています。

脳神経は、主に眼や鼻、口など頭部の器官の働きを支配しています。嗅覚情報を伝える嗅神経、視覚情報を伝える視神経をはじめ、動眼神経、滑車神経、外転神経、三叉《さんさ》神経、顔面神経、内耳神経、舌咽《ぜついん》神経、迷走神経、副神経、舌下《ぜっか》神経が、脳から直接左右一二対出入りしています。

そして、脳からの指令を受けることなく独立して働いているのが自律神経です。つまり、心拍、血圧、体温、発汗、排尿など生命維持にかかわり、眠っている間も働いて私たちの意思ではコントロールできない神経ということです。これには、交感神経と副交感神経の二種類あり、両者はバランスをとりながら体の恒常性を保つために働いています。たとえば、心臓に対して交感神経は拍動を促し、副交感神経は抑えるというように、一つの器官に対しお互いに相反する作用をしています。

いずれの神経も、ニューロンによって情報のやり取りを行っています。

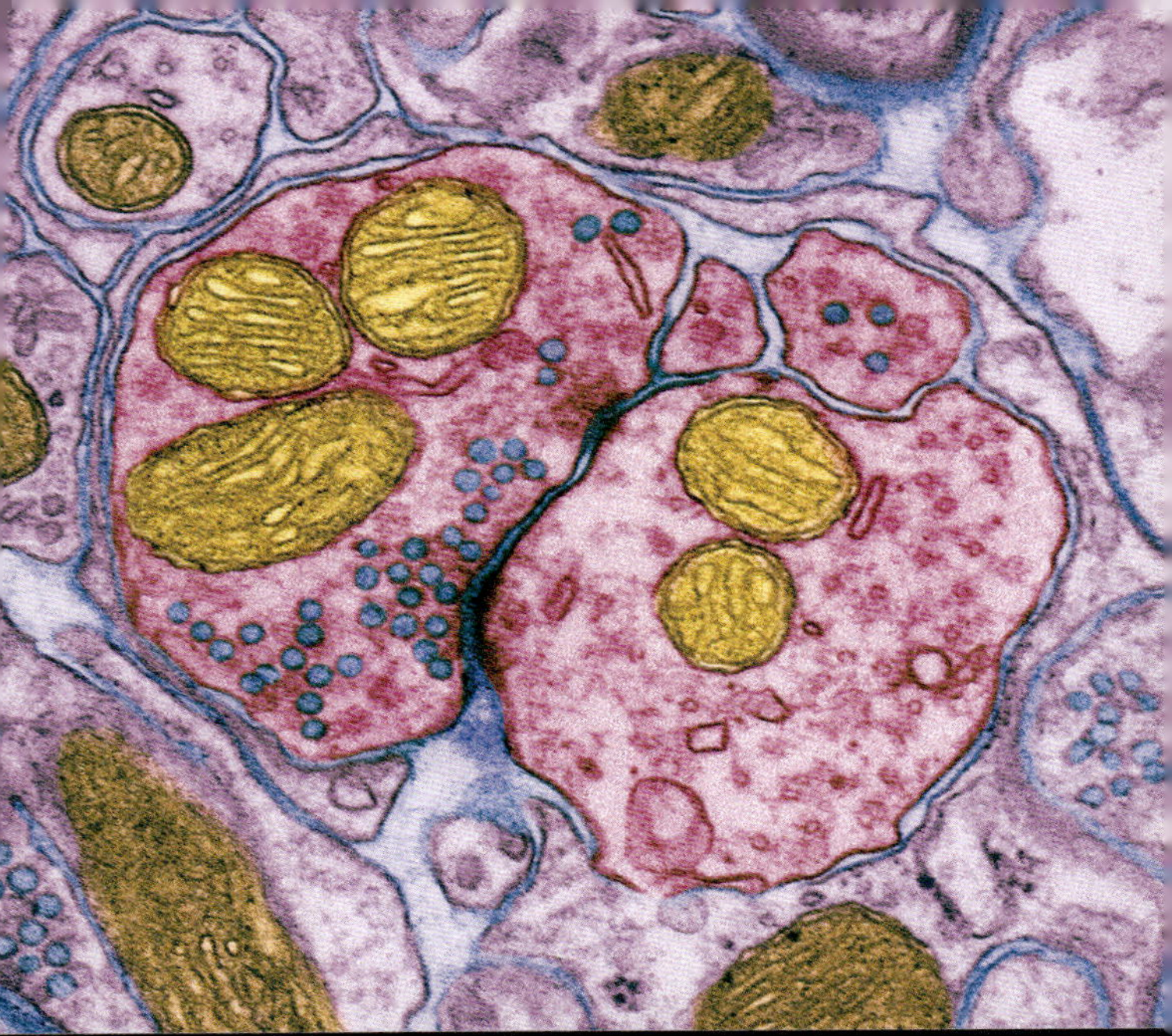

▲シナプス　シナプス（ピンク色）は１つのニューロンの軸索の末端と、他のニューロンの樹状突起の間の接合部で、電気信号を化学信号に変えて伝達しています。中央左側にはシナプス小胞（青色の丸）を含む軸索の末端部があり、右隣には信号を受け取る別のニューロンの樹状突起があります。シナプス小胞には化学伝達物質が蓄えられていて、それが放出されると、樹状突起が信号として受け取ります。エネルギーを供給するミトコンドリア（黄色）も見えています。

◆培養した神経細胞からの神経突起　脊髄の神経細胞を取り出して培養しています。細胞体から新たに伸びだした多数の神経突起が見えています。生体の中の神経細胞では、神経突起は樹状突起か軸索のどちらかになりますが、ここではまだその区別はありません。神経突起の先端は広がって成長円錐をつくり、まさに伸びようとしているところです。

第7章

# 感覚器

外界の情報を敏感にキャッチする窓

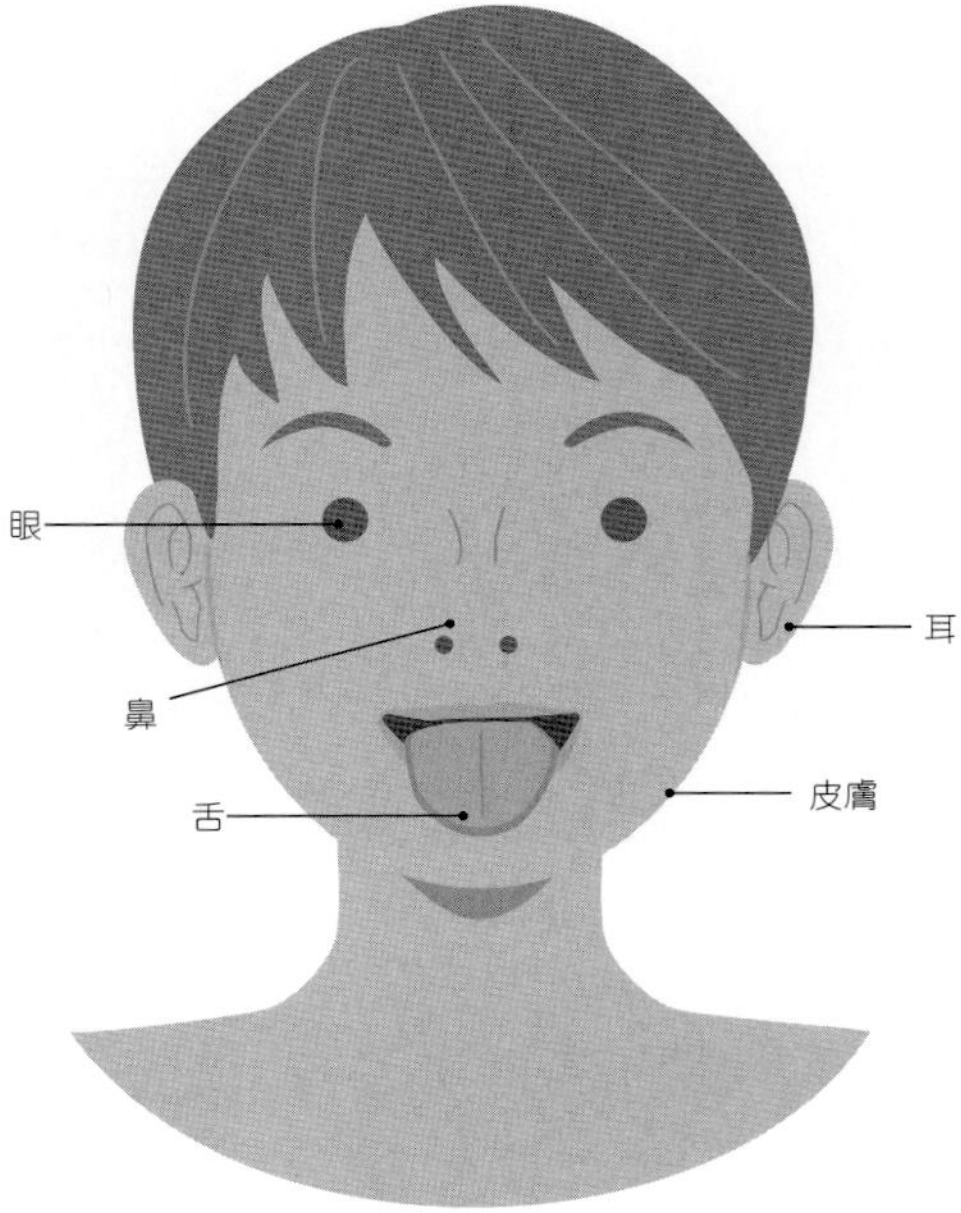

私たちは、見たり、聞いたり、嗅《か》いだり、味わったり、触ったりして、さまざまな情報を得ています。こうした刺激（情報）をキャッチしている器官が感覚器です。役割によって眼からの情報は視覚、耳からの情報は聴覚と平衡感覚、鼻からの情報は嗅覚《きゅうかく》、舌からの情報は味覚、皮膚からの情報は触覚や痛覚などとして受け取っています。

しかし、各感覚器で直接その感覚を感じているわけではありません。たとえば眼の前に赤いリンゴがあるとしましょう。これは、眼の感覚細胞が形や色を立体的にとらえ、その情報が脳の特定の部位に達すると、脳がこれまでの経験や記憶から総合的に判断し、初めて私たちは「赤いリンゴ」であることを認識します。つまり、脳で感じているということです。

そのため、視覚を担当している脳の部位に異常が生じると、見えていても赤いリンゴと認識できなくなります。また眼に異常が生じると、物が見えにくくなって識別するのが難しくなります。たとえ触ることでリンゴだとわかったとしても、視覚までは認識できないということにもなります。

このように、眼、耳、鼻、舌、皮膚などは外界からの情報を取り入れる窓口の役割を果たし、司令塔である脳と神経を通じてつながることで、私たちはさまざまな感覚を得て生命活動や精神活動を営んでいます。

# 眼 ― 光がもたらす情報を受信

◀網膜の杆体と錐体　網膜には２種類の視細胞があり、それぞれ異なる光感知装置を備えています。中央の緑色が錐体で、そのまわりの紫色が杆体です。

▼眼の網膜　眼球の壁は３層構造になっており、網膜はその内層で光を感知する働きがあります。中間層は血管の豊富な脈絡膜、外層は丈夫な線維膜になっています。前方の角膜と水晶体などを通って眼球の最奥の網膜に光が到達します。網膜では３つの細胞層が重なり、光を感知する視細胞（紫色）は最も奥の細胞層にあります。この写真では視細胞から出た２種類の光感知装置が見えています。第１の杆体（薄茶色）は棒状の突起で、白黒を感知し、感度が高いために暗所で働きます。第２の錐体（緑色）は円錐状の突起で、色を識別し、感度が低いために明所で働きます。

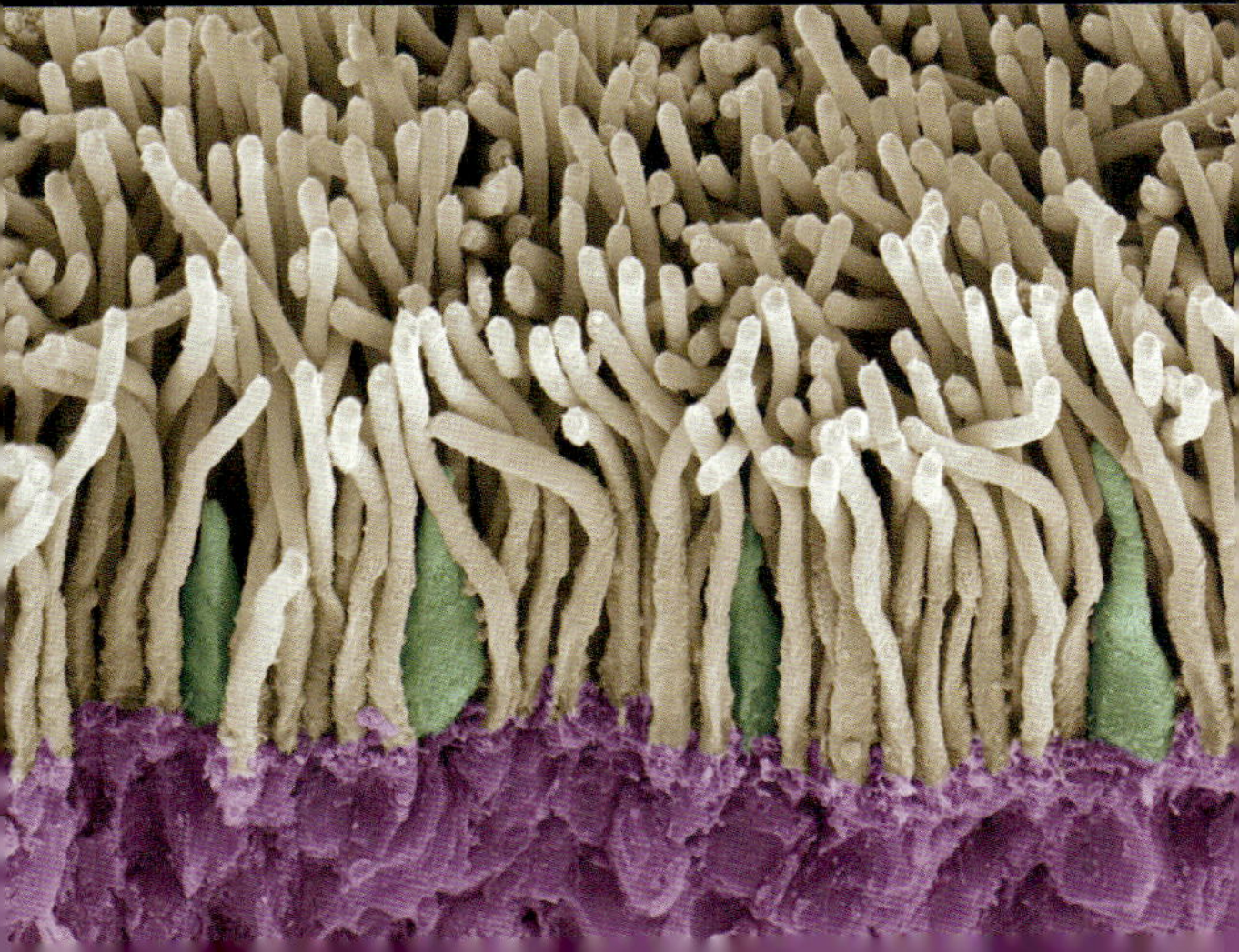

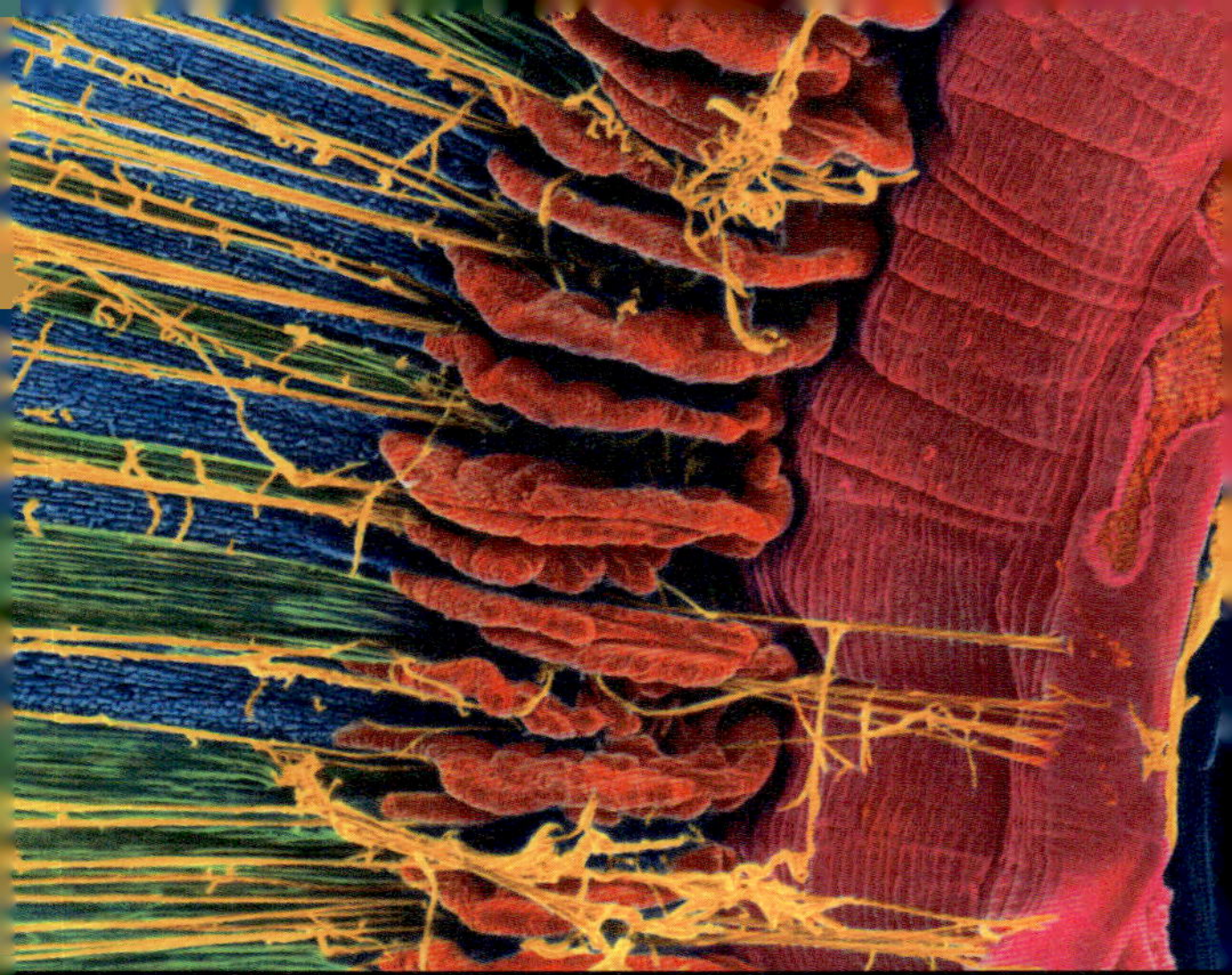

▲**眼の虹彩と毛様体**　虹彩（右寄りの濃ピンク色）はカメラの絞りにあたり、右端の瞳孔（青色）の広がりを調整し、眼の中に入る光の量を調節しています。毛様体（中央で縦に並ぶ赤色の盛り上がり）は、眼房水を分泌する働きと、細長い糸状の毛様体小帯（黄色と緑色）を通して水晶体（ここでは見えない）を引っ張って遠近調節をする働きがあります。

▼**眼の角膜**　眼の前面を覆っている角膜は、厚さが0.5ミリの透明な膜です。角膜は丸く突き出ていますが、その丸い形状が光を屈折させて像を結ぶのに重要な役割を果たしています。角膜には神経は分布していますが、血管はなく、角膜の細胞は涙液や眼房水から酸素と栄養を得ています。角膜の表面にある角膜上皮は重層扁平上皮からなり、深部で絶えず細胞分裂をして古い上皮細胞が表面から剝がれ落ちます。この写真は角膜上皮を表面から見たもので、敷石状に並んで角膜表面を覆っているのが見えます。

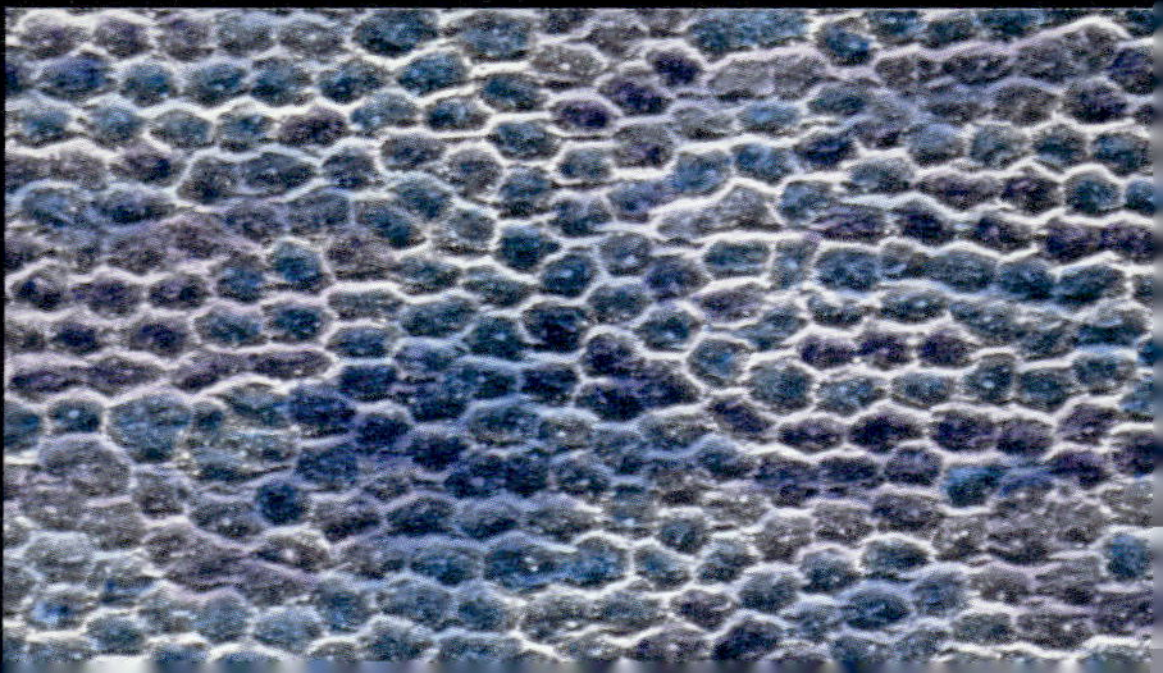

感覚器の中でも眼から得られる情報は非常に多く、全情報の八割ともいわれています。それほど見ることは、私たちを取り巻く環境を認識するうえで大事な役割を担っています。

動物の眼は天敵に襲われないように外からは黒目だけが見えて、白目はあまり目立ちません。けれども人間の場合は、白目もはっきり見えています。白目部分は、眼球を保護する白い丈夫な膜（強膜）で覆われているので白く見えます。黒目部分は、じつは透明なのです。ここは、強膜とつながっている角膜という透明な膜で覆われています。

物体から反射した光を大きく屈折させて、眼の奥の網膜まで通して画像を結ぶのが角膜の役目ですが、中に入った光は吸収されて跳ね返ってこないので黒く見えるのです。そのため、角膜には血管が通っていません。そこで、栄養や潤いは毛様体《もうようたい》でつくられる眼房水《がんぼうすい》という液から吸収しています。

眼の構造は、よくカメラにたとえられます。光を通すフィルターにあたるのが角膜で、眼球の前にある水晶体がレンズ、絞りの役目を果たしているのが虹彩《こうさい》です。虹彩は、瞳孔《どうこう》（ひとみ）を残して水晶体を覆い、明るいところでは狭くなり、暗いところでは広がって、眼に入る光を調節しています。ピント調節は、毛様体の筋肉が水晶体の厚みを変えることで焦点を合わせています。つまり、オートフォーカス機能というわけです。眼球の内部は、硝子体《しょうしたい》というゼリー状の物質で満たされ、これによって球形が保たれています。

そして、光の明暗や色を感じる視細胞が集まっている網膜というフィルムに画像を結ぶと、その映像が視神経から脳に伝わって私たちは視覚として認識しています。

こうして比較すると確かにカメラと似ていますが、実際には人間の眼のほうがカメラよりもはるかに精巧にできています。とくに優れているのが手ブレ防止機能です。

揺れる電車の中でも本が読めるのは、体や頭の動きを感知する耳からの情報をもとにして、体の動きとは逆方向に眼球を動かすことで、視線を一定に保って画像が動かないようにしているからです。そのために眼球は、上下左右と好きな方向に動かせる筋肉が六つもついた贅《ぜい》沢《たく》な構造をしています。

また、色を識別できるのは、網膜にある視細胞が色センサーの役目をしているからです。視細胞には、明るいところで働く錐体《すいたい》と、暗いところで働く杆体《かんたい》という細胞があり、錐体はさらに赤・緑・青を吸収する三種類の細胞があります。

太陽光には、虹でわかるように波長の違う光が含まれています。あるところでは波長の短い光だけが反射して青く見え、また長い波長の光が多く跳ね返ってきて赤く見えます。この波長を三種類の錐体が吸収率から割り出し、脳に伝えることで色を識別しています。

# 耳——音を聞くだけでない耳の驚異の働き

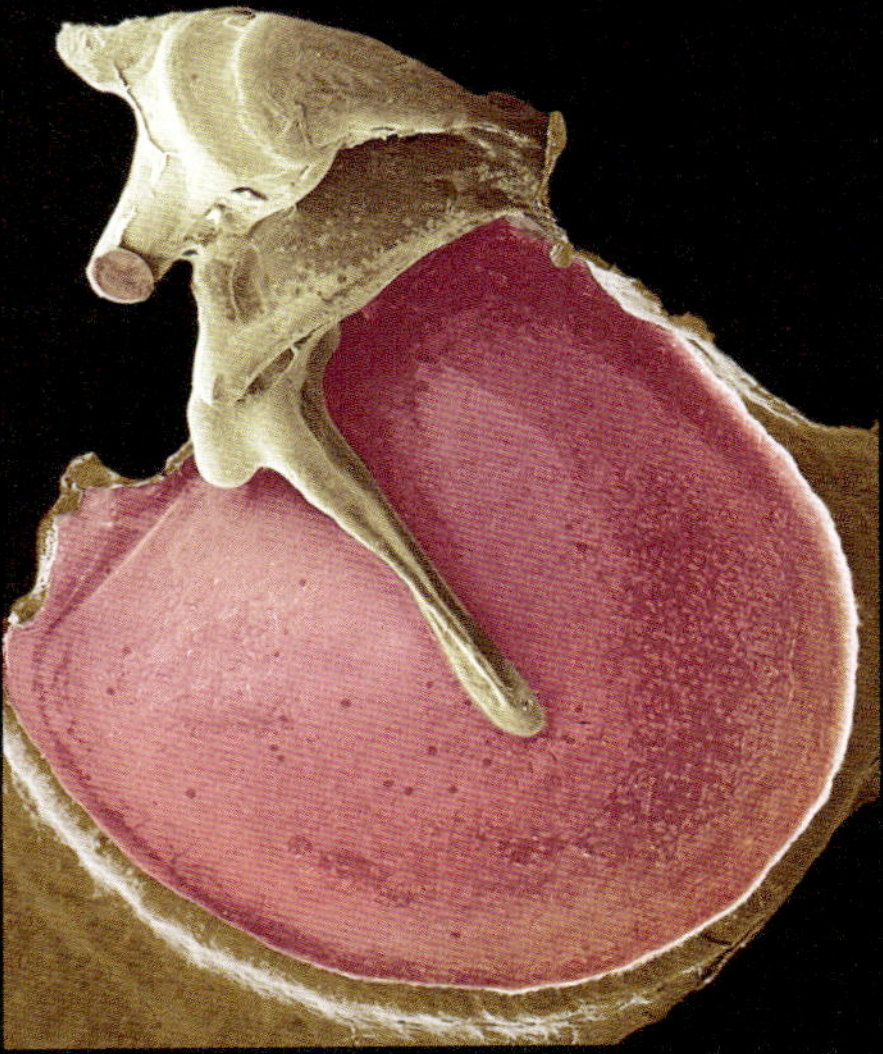

▲**鼓膜と耳小骨**　鼓膜（赤色）は外耳と中耳の間を隔てる直径1センチほどの楕円形の膜です。この写真は鼓膜を中耳側から見たところで、第1の耳小骨であるツチ骨が鼓膜に張りつき、さらに第2のキヌタ骨もくっついています。

▶**第3の耳小骨**　中耳には3つの耳小骨があり、外耳から鼓膜に伝わった音の振動を、内耳に伝える働きをしています。この写真は第3の耳小骨のアブミ骨です。乗馬具のアブミの形をしているので名づけられました。アブミの足をのせる部分にあたるアブミ骨底は、内耳の入口の前庭窓にはまっており、内耳に音を伝えています。

▲**内耳の蝸牛**　耳は、外界に接する外耳、鼓膜の奥の空洞の中耳、骨の奥にある隙間の内耳の３部に分かれます。音を感知する蝸牛は内耳の一部です。蝸牛はその名の通りカタツムリに似た形です。周りの骨を取り外して、ラセン形の基底板（水色）が見え、その上に音を感知するコルチ器がのっています。ラセンの頂点近くでは低い音、底の近くでは高い音を感知します。

耳は音による外界の情報をキャッチして脳に伝える感覚器であると同時に、体のバランスをとるための平衡器としての役目も担っています。

耳は大きく分けて、外がわから外耳、中耳、内耳で構成されていますが、中耳と内耳は頭の骨の中に隠れています。外耳の始まりは顔の横についている耳たぶ（耳介《じかい》）の部分で、音を集める働きをしています。そこから奥に続く道を外耳道といいますが、ここの皮膚にはゴミなどを吸着して異物の侵入を防ぐために、粘液を分泌するアポクリン腺《せん》があります。この粘液により吸着されたゴミなどが耳アカです。中耳は鼓膜から耳小骨まで、さらに奥の内耳には音を感知する蝸牛《かぎゅう》という器官と、体の傾きを感知する三半規管《さんはんきかん》や前庭器官があります。

まず、音を聞く感覚器としての機能は、耳介で集められた音が外耳道を通って中耳の鼓膜に伝わり、振動させることから始まります。糸電話でわかるように、音は空気の振動によってできた音波という波です。鼓膜では、大きい音のときは大きく、小さい音のときは小刻みに振動するなどして、音の情報を耳小骨に伝えます。耳小骨は、人体で最も小さな骨で、ツチ骨・キヌタ骨・アブミ骨の三つが逆V字につながっており、ツチ骨とキヌタ骨のつなぎ目は靭帯《じんたい》で固定されています。ツチ骨とアブミ骨には筋肉がついていて、大きすぎる音は小さく調整して、内耳の蝸牛に伝えています。

蝸牛は、文字通りカタツムリのような形をした精密な器官で、音の高さを聞き分ける役目を果たしています。つまり、感覚器の本体にあたります。

蝸牛の内部は、基底板という組織によって仕切られた蝸牛管があり、中は内リンパ液で満たされています。その基底板の上には、音波を感知するコルチ器という有毛細胞がピアノの鍵盤のようにずらりと並んでいます。有毛細胞は、音の高さによって反応する位置が決まっており、蝸牛の入口付近が高い音、奥へいくほど低い音を感じます。

音の振動は、反応するキー（有毛細胞）を求めて、ラセン状の仕切り（基底板）の上の階のラセンを上がった後、下の階を下って進んでいきます。このとき、外リンパ液に波を起こし、基底板にのっているコルチ器が振動を感知します。これでキーが見つかったことになります。その刺激が電気信号に変わって中耳神経を経て脳に送られ、私たちは音として認識しています。

また、耳で聞きとる音には、空気を伝ってくるものと、頭の骨を伝ってくるものがあります。たとえば、録音した自分の声を聞くと、別人のように聞こえます。これは、自分の発する声は頭蓋骨《ずがいこつ》を振動させて内耳に直接伝わる骨伝導で聞こえていますが、録音した声は空気伝導だからです。骨伝導は低い音を伝えやすいので、自分の声は低めに聞こえます。

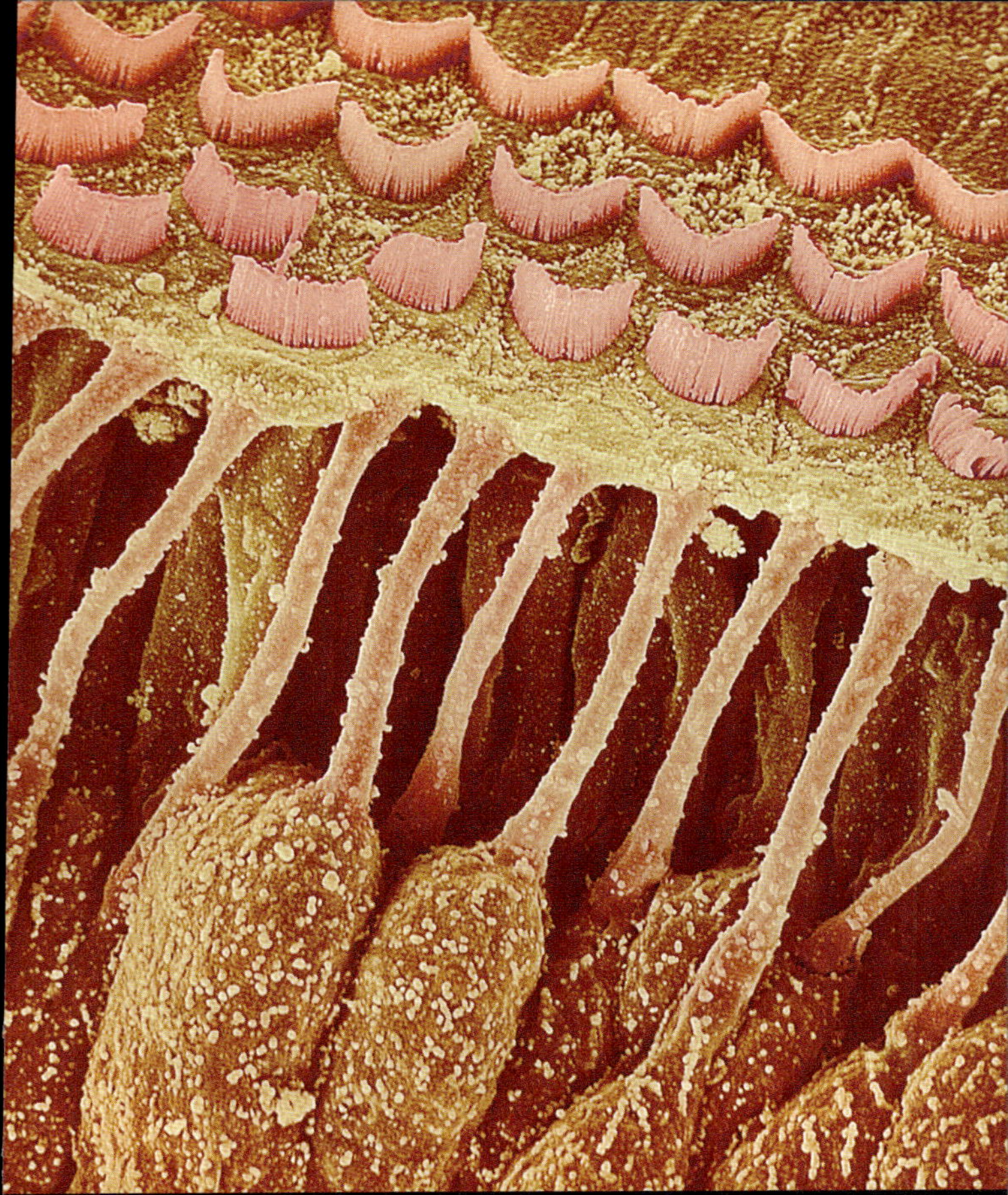

**▲コルチ器の有毛細胞**　コルチ器を上から眺めたところで、下端に見える有毛細胞の細胞体（オレンジ色）から細長い頸が上方に伸びだし、ラセン器上面の板（黄色）の上に不動毛（ピンク色）の折れ曲がった列を突き出しています。不動毛が音の振動で曲がることにより、有毛細胞は神経伝達物質を放出し、その情報を内耳神経が脳に伝えます。

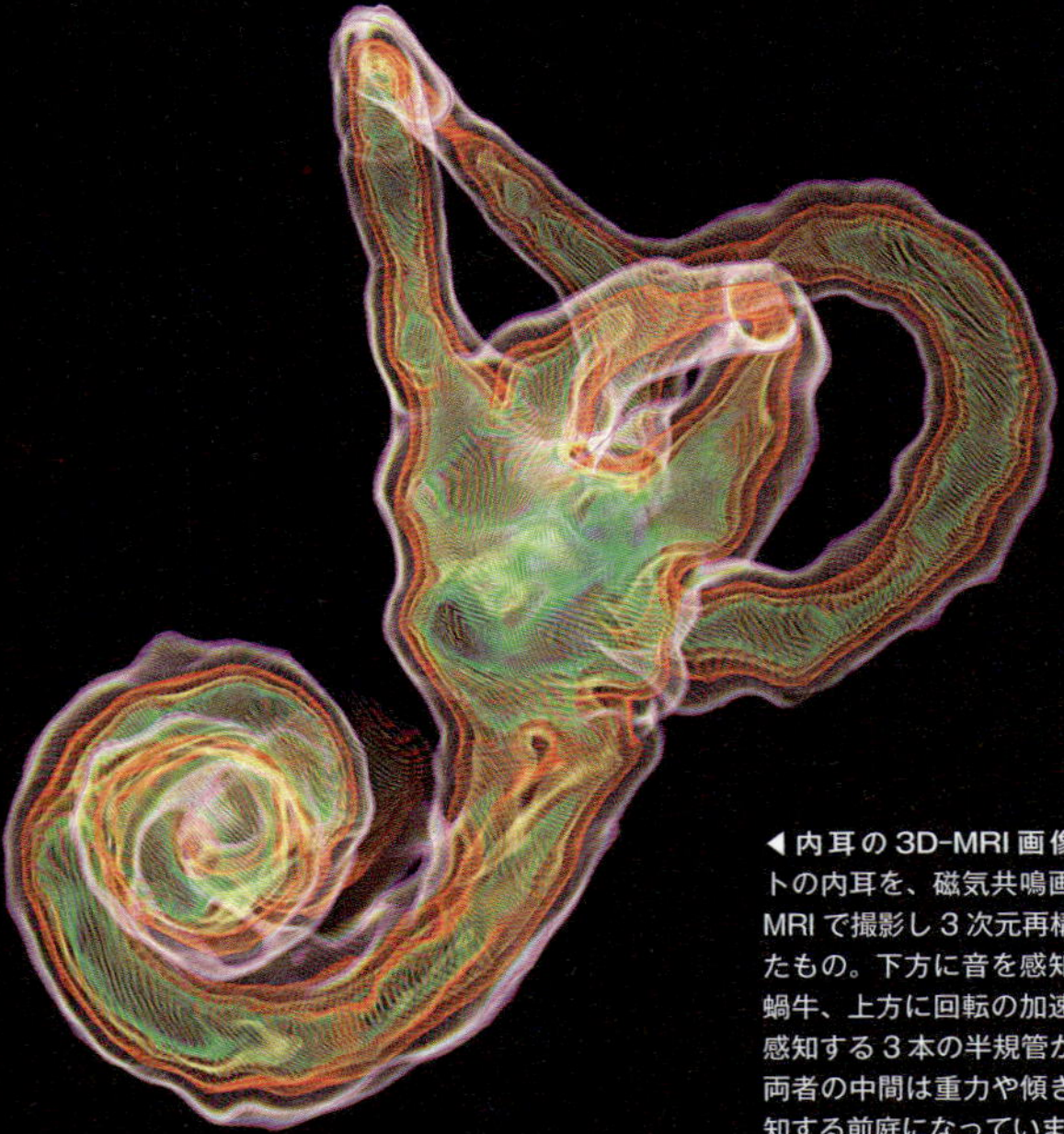

◀内耳の3D-MRI画像　ヒトの内耳を、磁気共鳴画像法MRIで撮影し3次元再構成したもの。下方に音を感知する蝸牛、上方に回転の加速度を感知する3本の半規管が見え、両者の中間は重力や傾きを感知する前庭になっています。

▼内耳のコルチ器のスライス　内耳の蝸牛は、断面で見ると2階半の構造になっていて、上の前庭階と下の鼓室階の間に蝸牛管が挟まれています。蝸牛管の床には丈夫な基底板があり、その上に写真に見えるコルチ器がのっていて、ここで音の振動を感知します。コルチ器には支持細胞と音を感知する有毛細胞があります。有毛細胞は上面に多数の不動毛を有しています。蝸牛管の内がわの壁からゲル状の蓋膜がコルチ器の上に伸び出しており、有毛細胞の不動毛の一部が蓋膜に接しています。

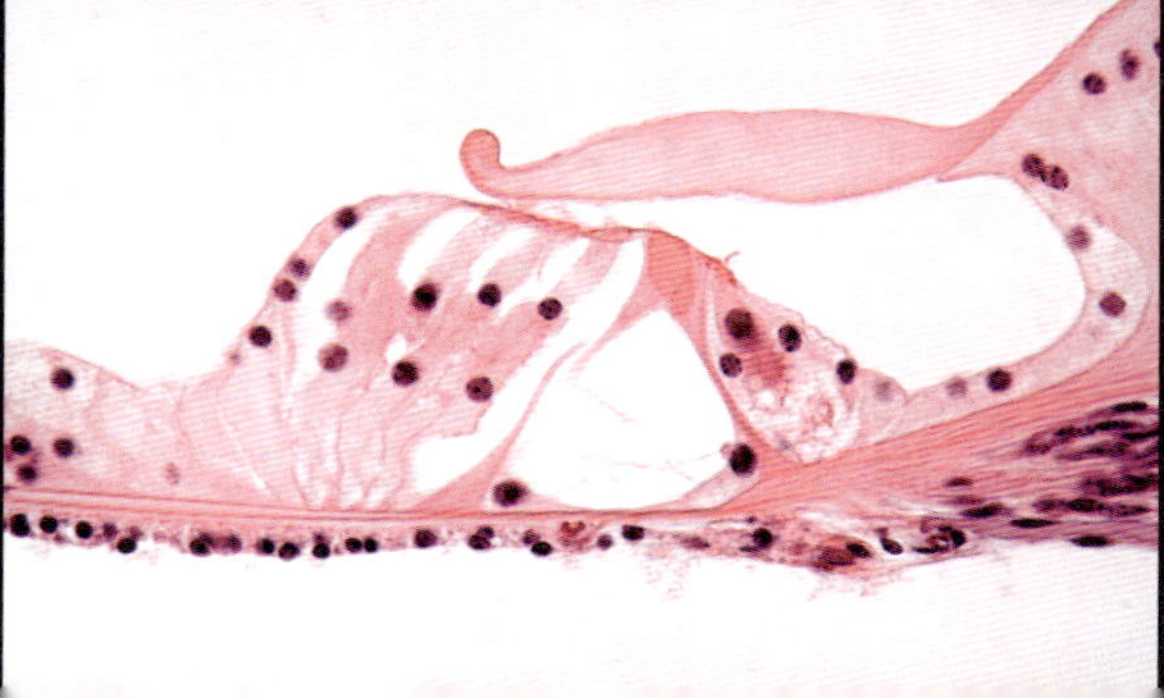

## 頭や体の傾きと回転を感知してバランスを保つ

耳が担うもう一つの役目は、体のバランスを保つことです。これを担当しているのが、蝸牛の後方にある三半規管と前庭器官です。三半規管は体の回転運動を感じ、前庭器官は体の傾きを感じる働きをしています。

三半規管は、半円形の管（半規管）が三つ組み合わさった器官で、内部にはチューブ状の膜の管があり、中は内リンパ液で満たされています。半規管の付け根には膨らんだ部分があり、ここに有毛細胞が入っています。

三つの半規管は、それぞれ別の方向を向いているので、前後の回転、体を軸とした左右の回転、横方向への回転と、三方向の傾きを感じることができます。

こうして体が回転すると管の中の内リンパ液が流れ、その刺激を有毛細胞がキャッチして前庭神経を経て脳に伝えます。

身近なところでは、本を読みながら身体や頭が動いてしまい、それでも本の同じところを読み続けられることがあります。頭の回転が生じたときに、三半規管が働いて頭の回転の動きを測定し、眼球を反対方向に動かして視線を一定に保っています。

これに対して前庭器官は、体の傾きを知るための器官です。三半規管と蝸牛の中間に、卵形嚢《のう》と球形嚢という二つの袋があり、その壁に一個所ずつ、有毛細胞をもつ平衡斑《へいこうはん》があり、一方は水平に、もう一方は垂直についています。有毛細胞の毛には炭酸カルシウムの結晶である耳石がのっています。頭が傾くと耳石が重力によって引っ張られて動き、有毛細胞を刺激します。この刺激が前庭神経を経て脳に伝えられ、体の傾きや動きを感じ取っています。

前庭器官は、体の傾きを感知しているため、常に働いています。なぜなら、一つの姿勢でじっとしていることは困難だからです。

このようにして、耳は体の平衡感覚を保っているため、三半規管や前庭器官に異常が生じるとバランスが狂って、体が回転するように感じることがあります。これが、めまいです。また、耳では気圧の変化を調整する働きもあります。高層ビルのエレベーターや飛行機に乗ったとき、耳がキーンとしますね。これは、急に気圧が変わったことで、鼓膜の内外の圧差の調整が間に合わずに起こる現象です。気圧は高度を増すほど弱くなるので、鼓膜を外から押していた空気の力も弱くなり、内がわから強く押し返されてキーンとなります。

鼓膜からは、鼻やノドとつながっている耳管という管が伸びています。そこで、唾を飲み込むと、空気が抜けて元の状態に戻ります。これは、水中で行う耳抜きと同じ原理です。

# 鼻——鼻の孔はなぜ二つあるのか

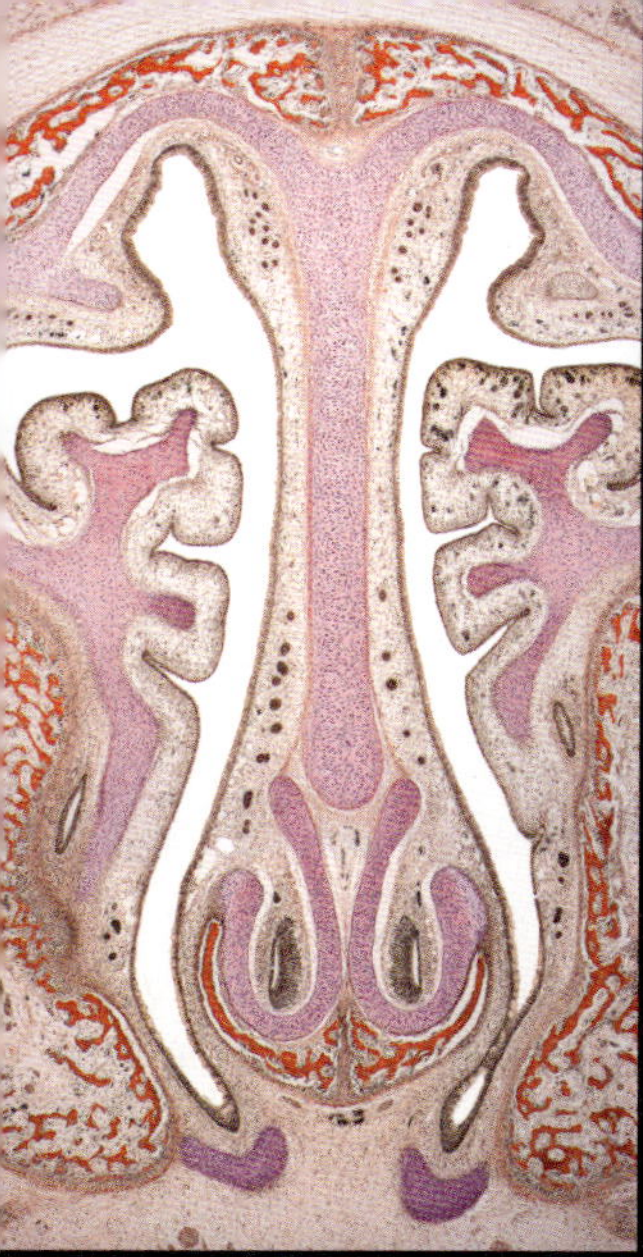

◀胎児の鼻腔の縦断面　鼻腔は鼻中隔によって左右に分けられます。鼻中隔の前方部をつくる軟骨（中央の縦のピンク色）は、外鼻の軟骨（上部の左右に広がるピンク色）につながっています。鼻中隔の下部には1対の曲がった軟骨の中に鋤鼻器（茶色）という胎児期のみに見られる嗅覚器があります。

▶鼻腔の粘膜　鼻腔の嗅粘膜以外の部分は、喉頭以下の気道の粘膜と同様に、表面に線毛をもった上皮細胞からできています。こういった鼻腔や気道の粘膜では、空気中の異物が粘液に捉えられ、線毛の運動によって外に向かって運ばれていきます。

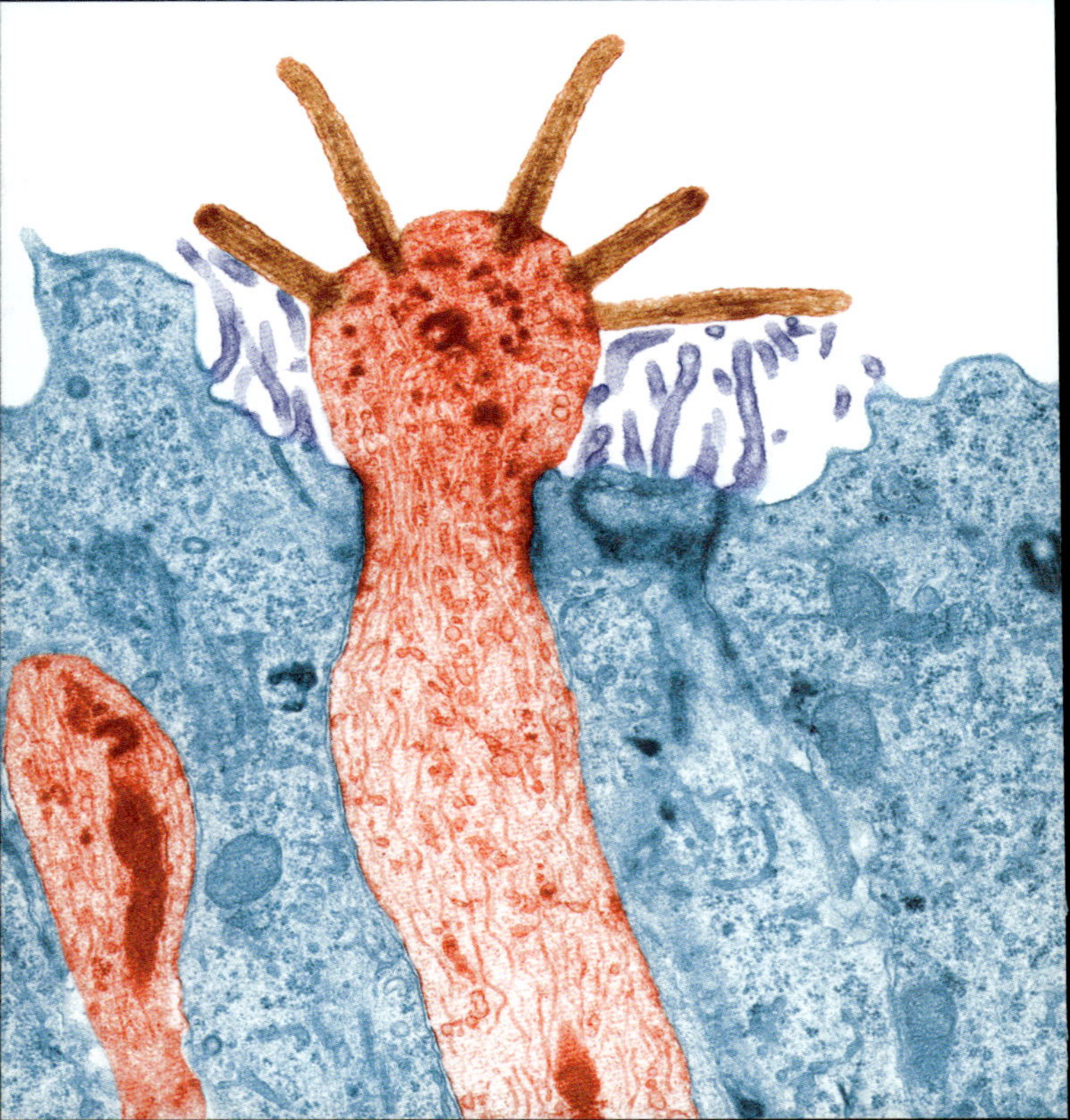

▲嗅細胞　鼻腔は鼻の中に広がる空洞ですが、その上の端に、ニオイを感じる嗅粘膜があります。ここにある嗅細胞（赤色）がニオイを感知します。嗅細胞の表面は嗅小毛（茶色）という細かい毛で覆われ、粘液の中に埋まっています。支持細胞（青色）が嗅細胞を支えています。

鼻は、ニオイを感じる嗅覚器官であると同時に、空気を取り入れる呼吸器官としての役目も果たしています。中でも嗅覚は、腐ったものや有害なものを嗅ぎ分け、危険を避けるために発達した重要な機能です。

鼻の奥は、鼻腔《びくう》と呼ばれる空間が広がっており、鼻中隔という仕切り壁を境にして左右に分かれ、外側壁から粘膜で覆われたヒダが三つ（上・中・下鼻甲介《こうかい》）突き出ています。これによって上鼻道、中鼻道、下鼻道と三つの通り道ができ、吸い込んだ空気はおもに上鼻道を通って肺に向かい、吐き出された空気はおもに中鼻道と下鼻道を通って排出されています。

上鼻道の天井付近には、切手一枚ほどの大きさをした嗅粘膜が広がっています。これがニオイを感知する嗅覚器官で、中には嗅細胞が入っています。

ニオイは眼には見えませんが、ニオイ分子は揮発性の化学物質で、空気中に漂っています。たとえば、バラの花があったとして、空気中にはバラから放たれたニオイ分子が無数に漂っています。これを空気と一緒に吸い込むことで、鼻の中に取り込まれます。

嗅粘膜には特殊な粘液を分泌する嗅腺《きゅうせん》（ボウマン腺）があり、鼻に入ったニオイ分子が接触すると溶けて、嗅細胞から伸びている嗅小毛がキャッチします。すると、嗅細胞はニオイの情報を電気信号に変え、嗅神経を経て脳の一部の嗅球という組織に入り、さらに脳の嗅覚中枢に送られて、私たちはニオイを認識しています。

嗅覚は、ほかの感覚と違って非常にデリケートで、疲れやすい性質があります。最初はニオイを感じていても、しばらくすると鈍くなって有害なガスのニオイでも感じなくなります。ガス中毒は、こうした嗅覚の疲労から起こります。

そしてもう一つ、鼻には呼吸器としての役目もあります。たんに空気を吸い込んでいるのではなく、鼻腔の粘膜にある線毛が空気中のホコリなどを除去して清浄化し、気管支に冷たい空気が入らないように加湿・加温するというエアコンの役目を果たしています。そのため、鼻腔の粘膜は、ほかの部位の粘膜に比べて薄く、毛細血管が張り巡らされています。

鼻の孔《あな》は二つありますが、両方から同時に空気を吸い込んでいるわけではありません。左右の鼻の孔を交互に使って呼吸をしています。体がそれほど酸素を必要としていないときは、片方の鼻の粘膜が膨張（充血）して空気の通り道を塞《ふさ》ぎます。こうして、一方の鼻を休ませているのです。これには、嗅覚を休める意味もあります。

また、鼻の孔に小指を入れると指先に触れる軟骨部分は、キーゼルバッハ部位と呼ばれています。ここは、毛細血管が密集しているので出血しやすくなっています。強く鼻をかんだりしたとき、粘膜を傷つけて鼻血が出るのもこの場所です。

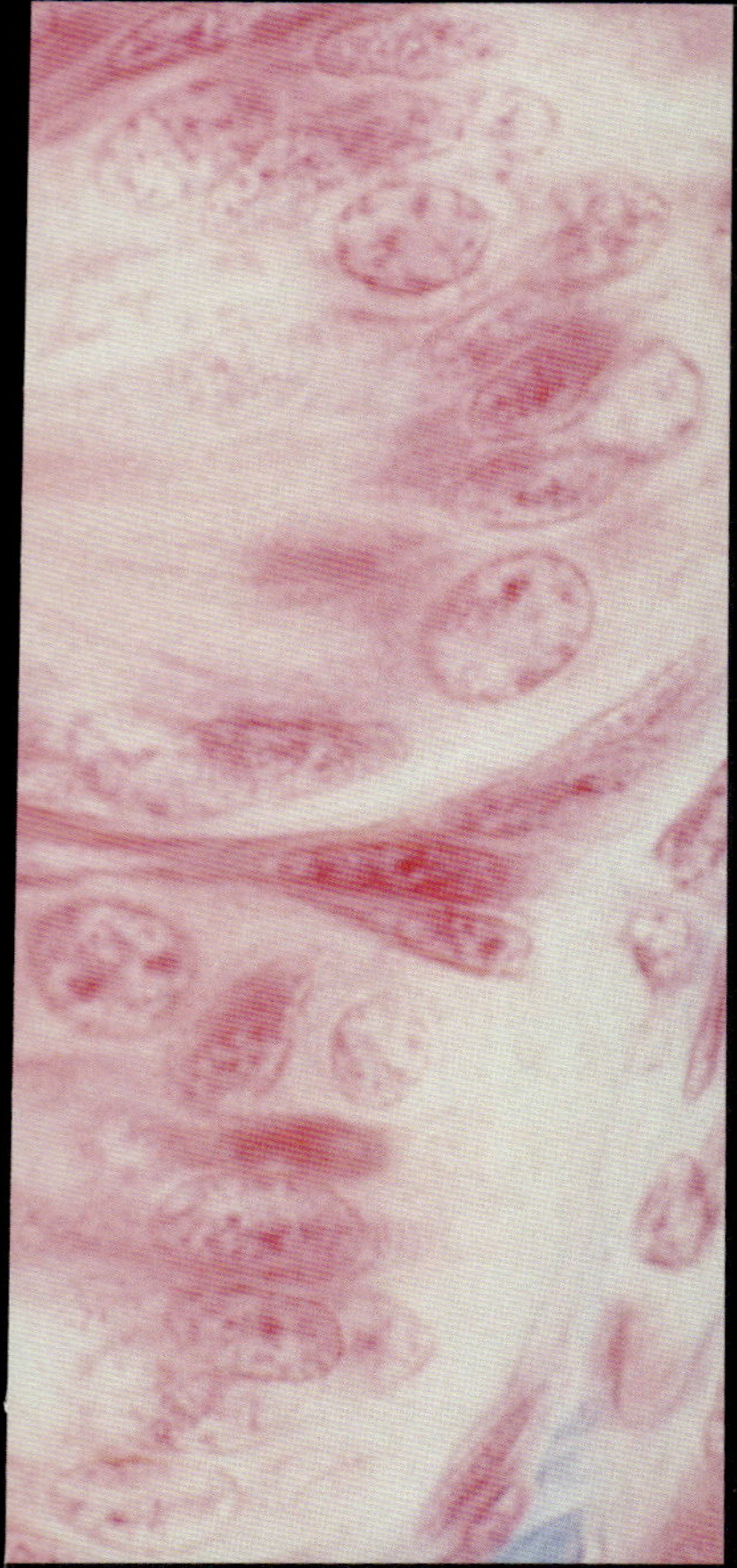

# 舌——おいしさの不思議

◀**味蕾のスライス** 溝を挟んで向かい合う葉状乳頭の側面に、味蕾（白っぽい丸）が２つずつ大きく見えています。味蕾の先端には、味孔と呼ばれる小さな窪みがあります。味蕾の味細胞は縦に長く伸びて先端が味孔に達し、そこに多数の細胞突起を突き出していて、ここで味物質を感じています。

▼**葉状乳頭のスライス**　舌の粘膜には数多くの舌乳頭が突き出ており、４種類のものが区別できます。そのうち大型の有郭乳頭と葉状乳頭、および中型の茸状乳頭には味覚の感覚装置である味蕾が備わっています。この写真では葉状乳頭が２つ並んでいて、その側面に味蕾（白っぽい丸）があるのが見えます。葉状乳頭は舌の側面にある舌乳頭です。

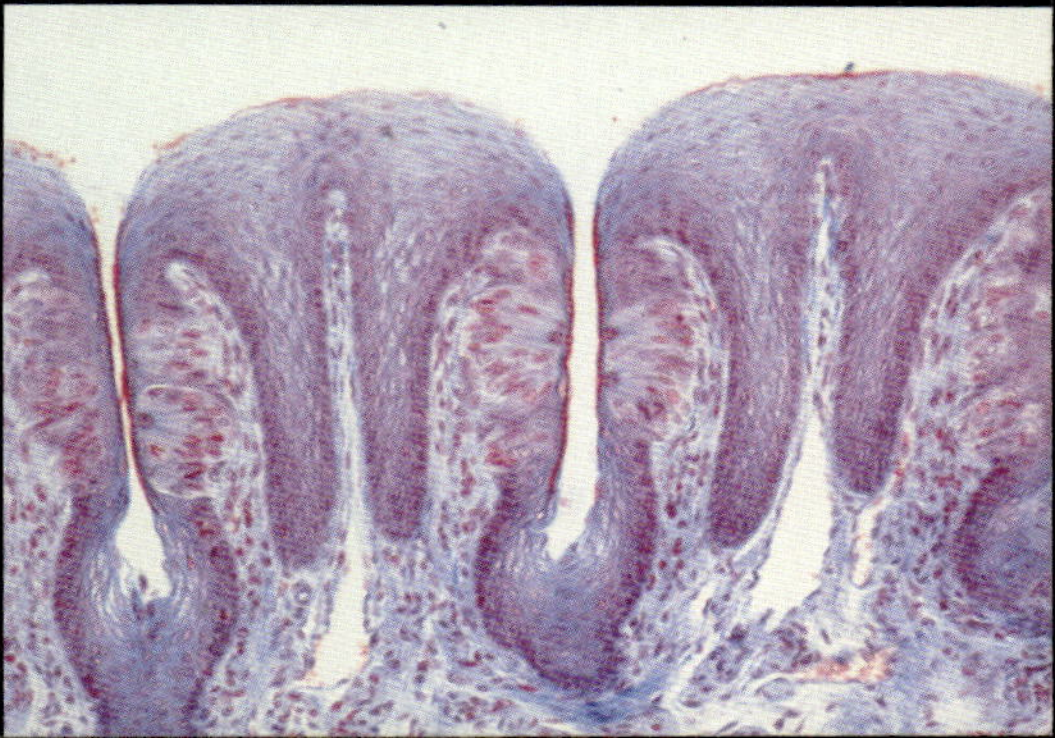

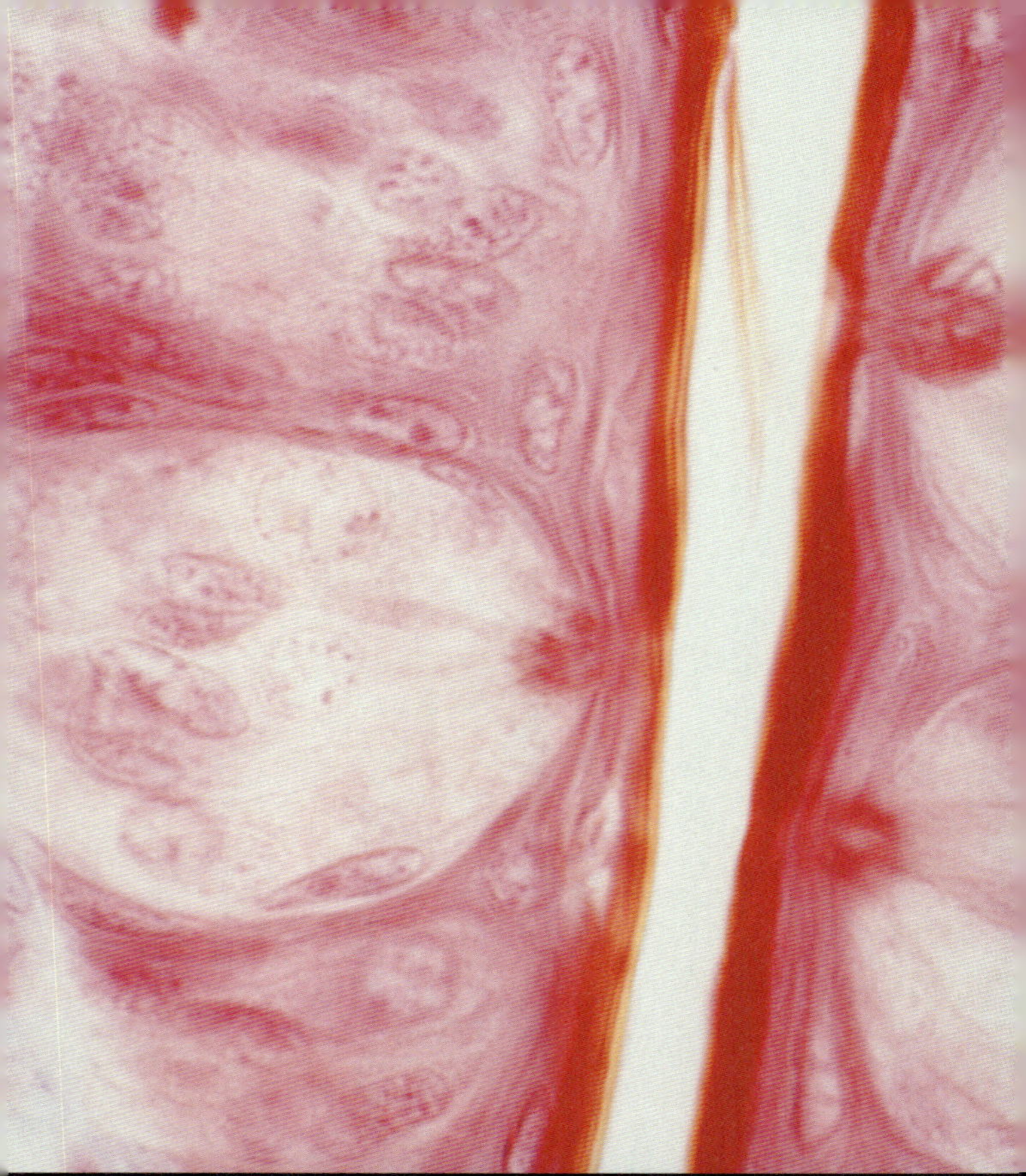

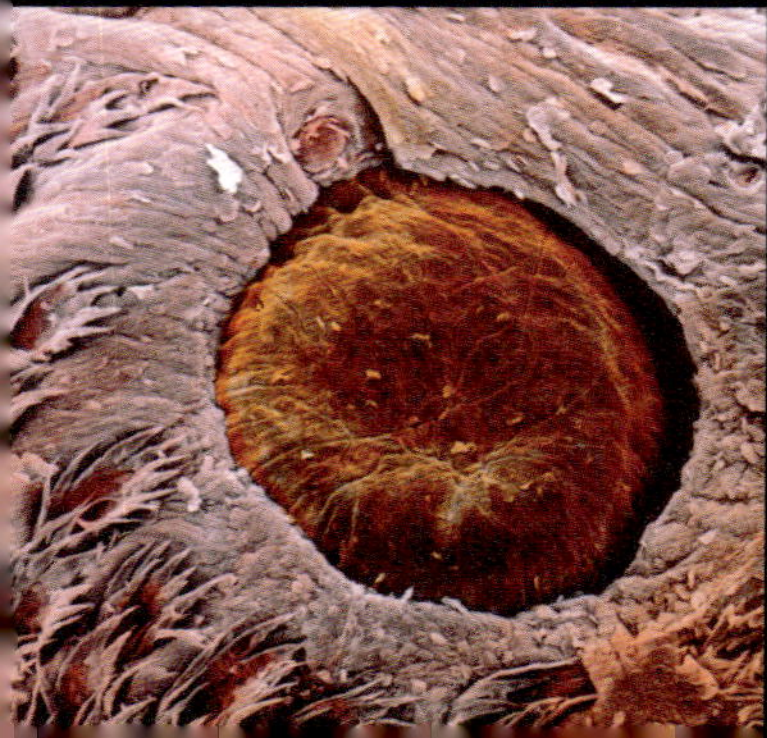

◀舌の有郭乳頭の表面　有郭乳頭は大型で溝によって囲まれた円柱状の乳頭で、舌の中央後部にあります。溝に向かう有郭乳頭の側面に多数の味蕾が備わっています。

口と舌と歯は、一体となって食物を咀嚼《そしゃく》し、消化を助ける役割を果たしています。中でも舌は、味を感じる味覚器官としての役目も担っています。

舌は、よく動く柔軟な筋肉の塊で、束になって縦横に走る横紋筋《おうもんきん》からできている内舌筋と、周囲の骨につながる外舌筋からできています。食事のときは、歯で噛《か》み砕いた食物を唾液《だえき》と混ぜ合わせる働きをしている舌ですが、表面の粘膜にある舌乳頭という突起の一部には味を感じる味蕾《みらい》という組織が備わっています。

舌乳頭には四つの型があり、分布している場所が異なります。味蕾がとくに多いのは舌の中央付近にある茸状乳頭《じじょうにゅうとう》、その少し奥の有郭《ゆうかく》乳頭、左右の縁にある葉状乳頭です。もう一つ糸状乳頭が粘膜に広く分布していますが、この乳頭は味覚にかかわっていません。

一つの味蕾の中には、味の受容器である味細胞が三〇―八〇個も含まれていますが、寿命は短く、一〇日ほどで新しい細胞と入れ替わっています。味細胞の先端には味孔という孔があり、ここには味細胞の味毛が突き出ています。この味孔から唾液に溶けた食物の味成分が入り込むと、味毛によって味細胞は味を感知し、その刺激が味覚神経を経て脳に伝えられて、私たちは味を感じています。

私たちが感じる味は、酸味・甘味・苦味・塩味の四種類が基本になっていますが、このほかに日本独特の「旨味《うまみ》」も現在は国際的に認められています。これらの組み合わせによって味覚はつくられています。

舌の前半部からの味覚の情報は顔面神経から、後半部からの味覚の情報は舌咽《ぜついん》神経を通って脳幹の延髄《えんずい》に届きます。味覚の情報はここから視床《ししょう》を通って大脳皮質の味覚野に達します。味覚野のニューロンは、味覚の他に、嗅覚、視覚といった他の感覚も一緒に感じることが分かっています。味覚は他の感覚の影響を受けやすいのです。

味覚は外界の刺激に敏感で、視覚や嗅覚、温度感覚の影響を大いに受けています。熱い物や冷たい物を一気に口にすると味蕾の反応が鈍くなって味がわからなくなります。甘味、苦味、酸味は体温ぐらいの温度に最も敏感ですが、塩味は低い温度に強く反応しやすいのです。このため温かいときにはおいしく感じられたスープでも、冷めると味蕾が敏感に反応して塩辛く感じられたりします。さらに味覚は順応が速いので同じ刺激を受けていると、味を感じにくくなります。そこで舌を動かして口の中で場所を変えることで、味が持続します。

温度だけではなく、味覚には強弱もあります。スイカを食べるときに塩をかけたり、お汁粉をつくるときに隠し味として塩を入れますね。これは、より甘味を引き出すためですが、味細胞は強い刺激を感じやすいため、塩味よりも強い甘味が勝って甘く感じるのです。

# 皮膚

――外界の刺激から身を守るバリア

**▲皮膚の表面と断面**　皮膚は、表皮と真皮からなり、その下の軟らかな皮下組織によって深部の骨格や筋肉とつながっています。表皮は扁平な上皮細胞が積み重なってできていて、その最表面の角質層（淡褐色）では、角化して死んだ細胞が積み重なっており、垢になって失われます。表皮のその下の層（赤色）の最下部では、未熟な細胞が分裂を繰り返して、新しい表皮細胞を生み出し続けています。表皮の下の真皮（灰色がかった茶色）はコラーゲンの豊富な丈夫な結合組織です。血管が分布して表皮に栄養を供給する働きをしており、また神経が分布して触覚・痛覚・温冷覚などを感知しています。

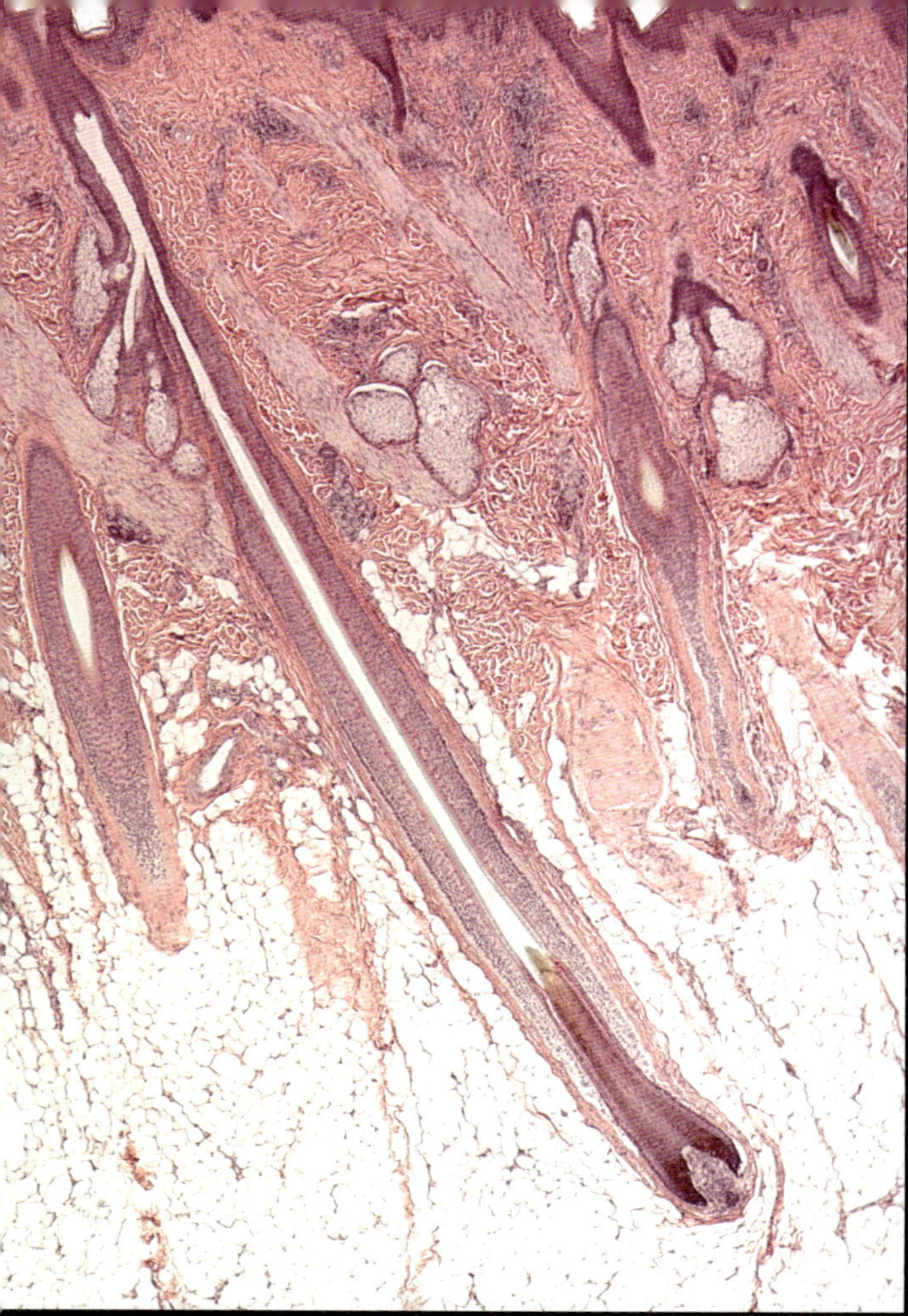

▲毛髪　毛は皮膚の一部が落ち込んで、その底から表皮が変形して伸びだしたものです。ここでは毛根（毛の真皮の中にある部分）が見えています。毛根の下端では結合組織が入りこんで毛乳頭をつくり、毛乳頭を覆う毛母基（暗赤紫）の上皮細胞が分裂して毛が伸びていきます。毛根の上部の左側には脂腺（白っぽい粒状）があり、皮膚に潤いを与える油分を分泌しています。

全身の表面を覆っている皮膚は、人体で最も大きな器官といえます。外部からの有害物に対して、体の内部を守る働きをしており、熱や光を遮ったり、ぶつけたときなどに衝撃を和らげたり、細菌の繁殖や感染を防ぐことなどが、皮膚の大きな役目となっています。あらゆるものから体を守るために、弾力性や耐水性に富んでいます。また、汗をかいたり毛穴を閉じたりして、体温の調節も行っています。

皮膚は、外がわから表皮と真皮でできており、その下の軟らかな皮下組織によって、深部の骨格や筋肉とつながっています。表皮は、その最深部で絶えず新しい細胞がつくられ、成長しながら上へと移動していきます。やがて角化して表面までできた細胞は、アカとなって剝《は》がれ落ちます。ですから表皮には血管や神経が通っていません。内がわにある真皮は、コラーゲンが豊富で丈夫な結合組織で、ここに血管、毛根、脂腺《しせん》のほか、汗を排出して体温を調節する汗腺《かんせん》や、外界からのいろいろな刺激を感知する神経細胞（感覚受容器）などがあります。そして、真皮の下にある皮下組織は、脂肪細胞をたくさん含んでおり、衝撃を和らげるクッションの役目をしたり、エネルギーを蓄積して断熱効果を生み出しています。

このように多くの機能を皮膚はもっていますが、外部からの刺激を感知して身を守るためには感覚器の機能もとても重要です。たとえば、ケガをしているのに痛みを感じなかったらどうなるでしょう。大したことはないと手当てもしないで放っておき、傷口から細菌が入って化膿《かのう》するなど、大きな病気につながる危険もあります。ですから皮膚の感覚は大事です。

皮膚には、触覚・圧覚・温覚・冷覚・痛覚の五つの感覚があるといわれています。このうち触覚と圧覚はともに皮膚に加わる機械的な力を感じるものです。皮膚の中の感覚装置は、スピードの違いおよび毛の有無によって種類や存在する部位がさまざまに違っています。とくにスピードの速い触覚を感じるのは、皮膚の深部にあるパチニ小体です。中程度に速い圧覚を感じるのは、毛根の受容器や真皮の浅いところにあるマイスナー小体です。こういった機械的な感覚に対して温覚・冷覚・痛覚には形のはっきりした感覚装置がなく、感覚神経線維の末端部で感知しています。温度や痛みを感じる仕組みについては、体内でつくられるさまざまな化学物質に対して反応するということが分かってきています。

これらの受容器で受けた刺激は、感覚神経から脳へと送られます。

感覚の受容器は、皮膚にまんべんなく分布しているわけではなく、集中しているところと、まばらなところがあります。たとえば、二点を楊枝《ようじ》などで同時に突くと、受容器が多くて敏感な指先では、わずかに離れていても二点を感じられます。ところが、受容器の少ない太ももや背中では、二点が大きく離れるまで一点として感じてしまいます。

## 循環器・血液

**心臓▶長さ**：約 14 cm／**厚さ**：約 8 cm／**重さ**：約 250〜350 g／**送り出す血液量**：1 分間に約 5 L

**血管▶全長**：約 105 km／**動脈の直径**：上行大動脈約 2.0〜3.2 cm、下行大動脈約 1.6〜2.0 cm／**静脈の直径**：大静脈約 2.0 cm／**毛細血管の直径**：約 5〜10 μm

**血液▶量**：体重の約 8%／**血球の直径**：赤血球約 7〜8 μm、血小板約 2〜5 μm、リンパ球約 6〜10 μm

## 脳・神経

**大脳▶直径**：約 16〜18 cm／**重さ**：男性約 1350〜1400 g、女性約 1200〜1250 g／**面積**：約 2000〜2500 $cm^2$

**小脳▶神経細胞の数**：1 $mm^2$ に約 50 万個

**脊髄神経▶全長**：大人約 40〜45 cm／**重さ**：約 25 g／**直径**：約 1 cm

## 感覚器

**眼球▶直径**：約 24 mm／**重さ**：約 7〜8 g／**角膜の厚さ**：約 0.5 mm

**舌▶長さ**：約 7 cm／**味蕾の数**：約 1 万個

**皮膚▶表面積**：約 1.5〜1.8 $m^2$／**重量**：体重の約 8%

## 運動器

**骨▶全身の骨の数**：206 個／**最も長い骨**（大腿骨）：約 35〜45 cm／**最も小さい骨**（耳小骨）ツチ骨の長さ：約 9 mm、重さ：約 24 mg、キヌタ骨の長さ：約 7 mm、重さ：約 27 mg、アブミ骨の高さ：3.3 mm、重さ：約 3 mg

**関節の種類▶**6 種類

**全身の骨格筋の数▶**約 400

## コラム　数字で見る人体

### 消化器

**歯▶数**：乳歯 20 本、永久歯 28～32 本／**噛む力**：男性約 60 kg、女性約 40 kg

**胃▶壁の厚さ**：約 5 mm／**容量**：約 1200～1600 ml／**胃液の分泌量**：1 日約 2000～3000 ml

**小腸▶長さ**：約 3 m（生体）／**直径**：約 4 cm／**表面積**：約 200 $m^2$／**水分量**：約 7.7 L

**大腸▶長さ**：約 1.5 m／**直径**：約 7.5 cm／**水分量**：1.2 L

### 呼吸器

**気管支▶長さ**：右主気管支約 3 cm、左主気管支約 4～6 cm

**肺▶重さ**：右肺約 600 g、左肺約 500 g／**体積**：右肺約 1200 ml、左肺約 1000 ml／**肺胞の数**：約 3 億個／**肺胞の表面積**：約 90～100 $m^2$

### 泌尿器

**腎臓▶長さ**：約 11 cm／**幅**：約 5.5 cm／**重さ**：約 130 g／**尿管の長さ**：約 30 cm／**ネフロンの数**：片側で約 100 万個／**送られる血液量**：1 分間に約 1 L／**つくられる尿量**：1 日約 1.5 L

**膀胱▶容量**：約 300～450 ml／**壁の厚さ**：約 1 cm

### 生殖器

**陰茎▶長さ**：約 8 cm（弛緩時）

**精嚢▶長さ**：約 5 cm／**幅**：約 2 cm／**厚さ**：約 1 cm

**子宮▶長さ**：約 7 cm／**最大幅**：約 4 cm／**厚さ**：約 3 cm／**月経時の出血量**：50～250 ml

第8章

# 運動器

身体活動を支える
しなやかなシステム

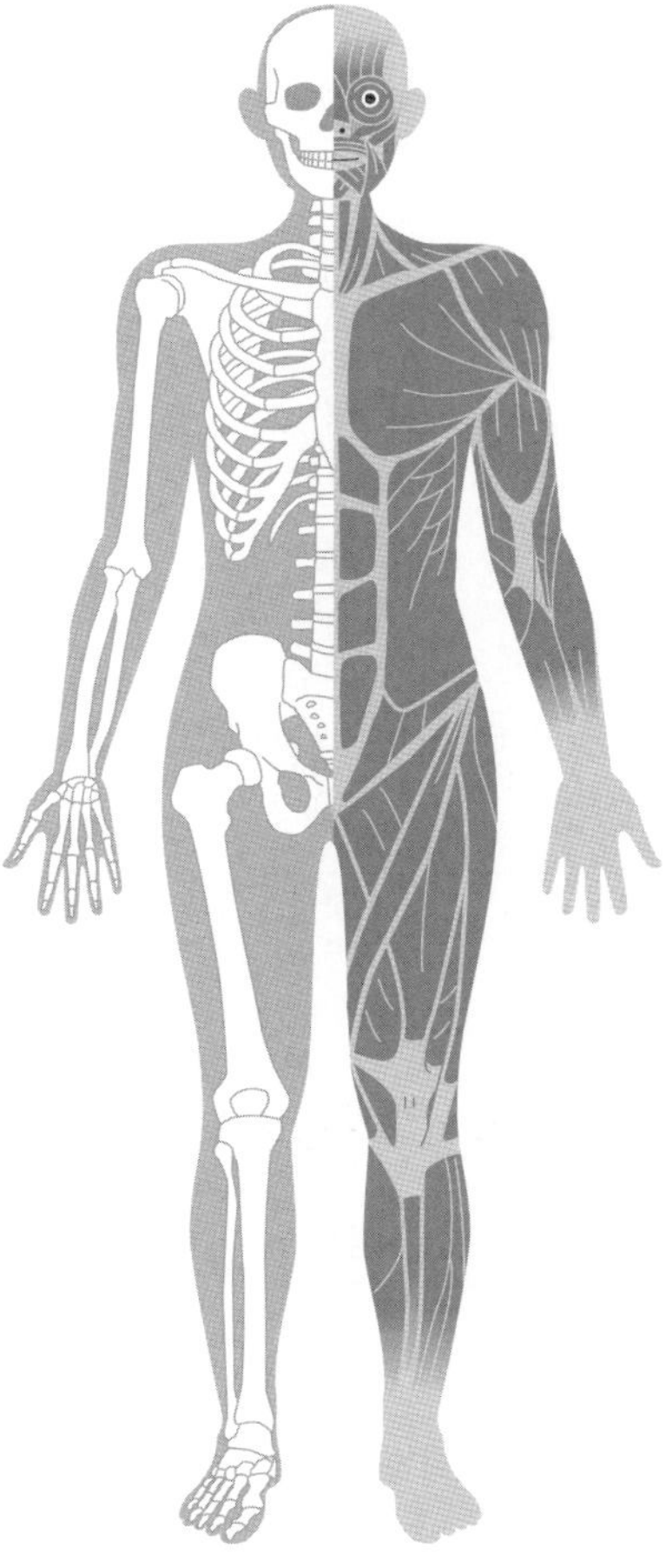

ふだんは何も考えずに当たり前のように動かしている体ですが、私たちが自由に体を動かすことができるのは、骨と筋肉と関節、それに関連する器官があるからです。

もしも骨がなかったら、タコやクラゲのように形の定まらないグニャグニャした体になってしまいます。ですから体の骨組みが必要で、それが骨格です。骨格という体の構造を支える柱があっても、これを動かす力がなければ動くことができません。そこで、骨にくっついて体を動かしているのが筋肉です。しかし、腕や脚が一本の骨であったら曲げることができません。肘や膝などのところで曲げ伸ばしができ、よりスムースに体を動かしたり複雑な動きを可能にしているのが関節です。

脳からの指令が脊髄《せきずい》から末梢《まっしょう》神経を経て筋肉に伝わって収縮すると、骨が引き寄せられると同時に関節が曲がるなど、連動して動くことで巧みな動きをつくりあげています。このように体を動かす一連のシステムが運動器です。

消化器、呼吸器、循環器などは生命を維持している大事な器官ですが、自分の意思で制御することはできません。これに対して運動器は、生命に直接かかわる器官ではありませんが、立ったり座ったり、歩いたり走ったり、物をつかんだり、食物を口に運んだりできるのも、すべて運動器の働きによるものです。こうして運動器は、身体活動を支えています。

# 骨
## ——体を支えて脳や内臓も守る

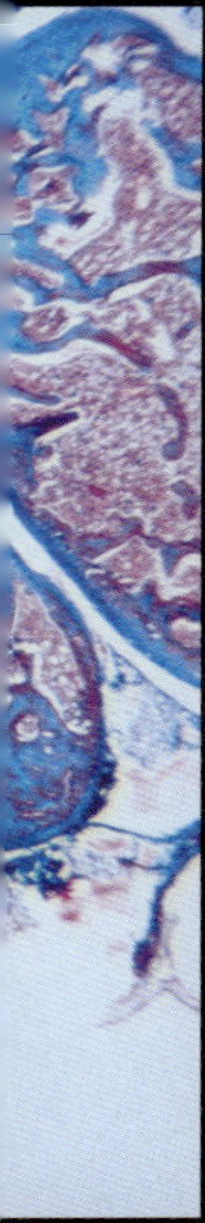

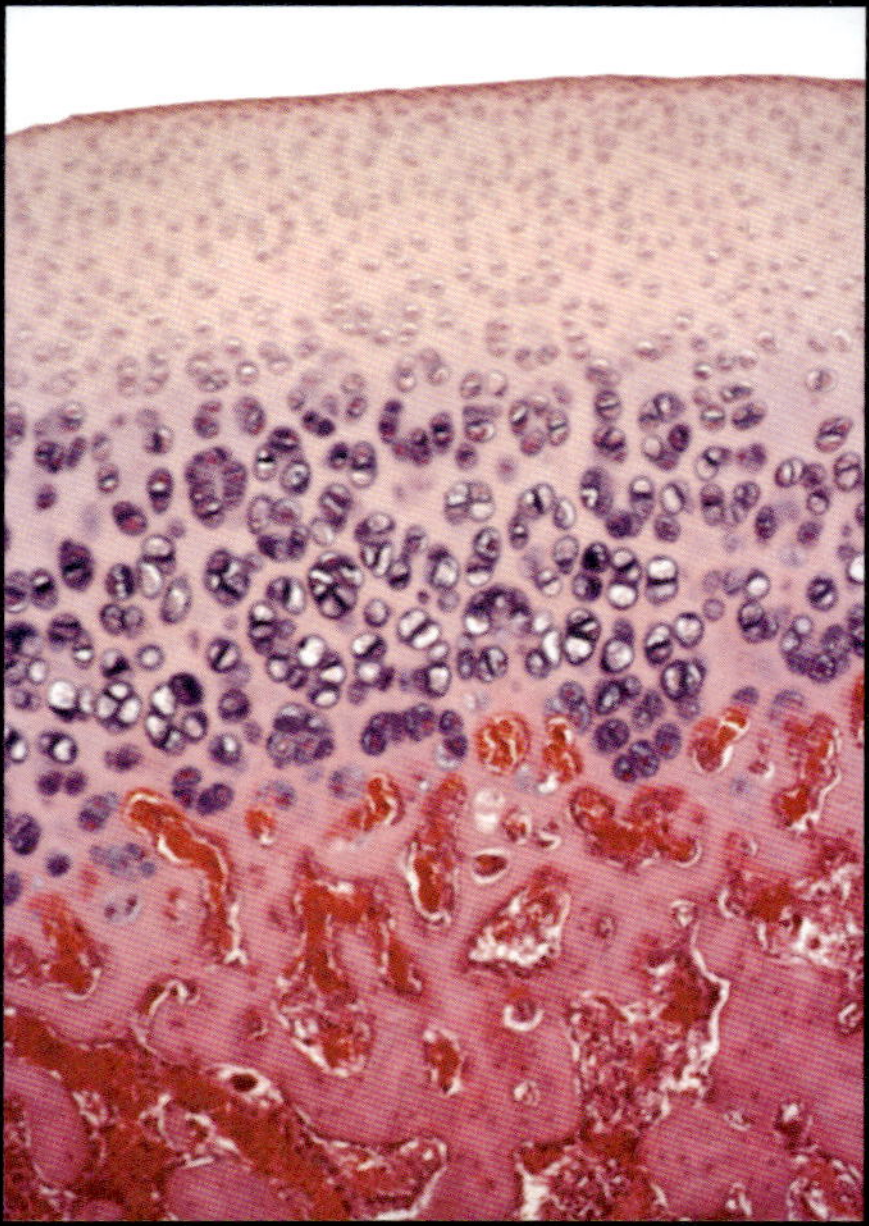

**▲骨端板での骨の成長**　成長を続ける骨端板を顕微鏡で見た写真です。上部には骨端板の硝子軟骨（淡ピンク色）が見えています。中央部には細胞分裂をする軟骨細胞（紫色）が見えています。下部では軟骨の基質が骨芽細胞によって置き換えられて石灰化をして、骨に変化していきます（濃ピンク色）。

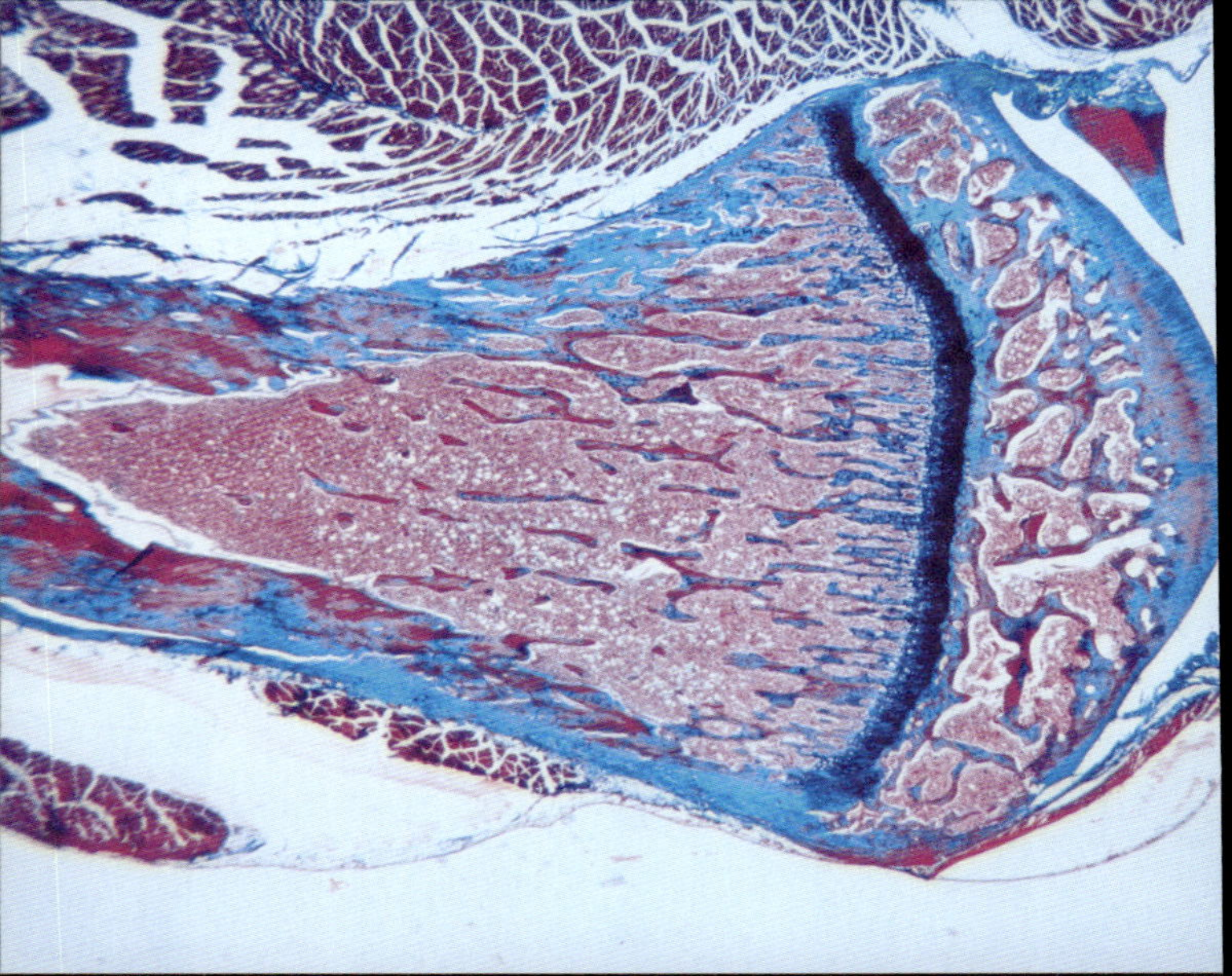

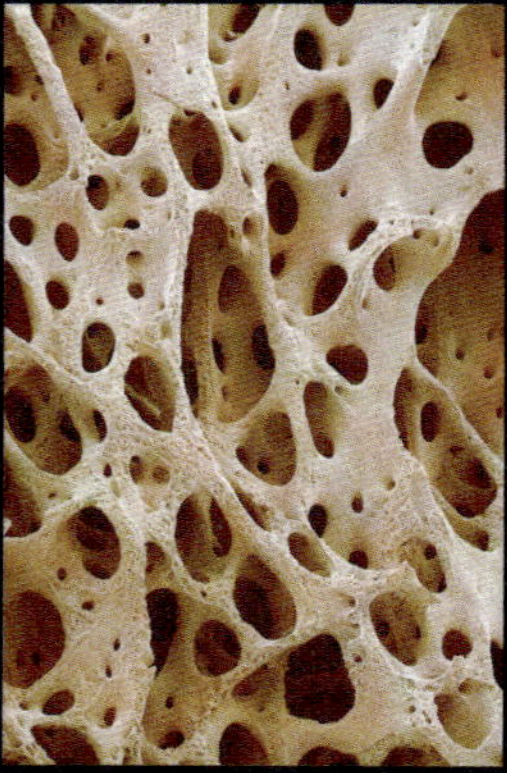

▲成長過程の長骨　腕や脚をつくる大きな長い骨を長骨といいます。右側の端の丸く突き出た頭部は、骨端とも呼ばれ、先端は関節軟骨（明青色）によって覆われています。その左側にはスポンジ状の海綿質の骨（紫色）がつくられており、その左には硝子軟骨からなる骨端板（紺色）があり、ここで細胞分裂が生じて軟骨が増殖します。骨端板の軟骨は次々と骨に置き換えられ、こうして長骨は長さ方向に成長を続けます。

◀骨の海綿質　骨の表面は硬い緻密質でできていますが、内部はスポンジ状の海綿質からできています。ここでは海綿質をつくる細かな骨稜が見えています。スポンジの隙間には軟らかい骨髄が詰まっています。骨髄には血球をつくる赤色骨髄と、脂肪からなる黄色骨髄があり、年齢や骨の部位よって分布が異なります。

体の骨組みである骨格は、体を形づくる構造材であるとともに、脳や内臓など体内にある軟らかい器官を保護する役目も果たしています。

全身には、頭蓋骨《ずがいこつ》が二三個、脊椎骨《せきつい》が二六個、胸骨が三個、肋骨《ろっこつ》が二四個（一二対）、上肢骨が六四個（三二対）、下肢骨が六二個（三一対）など、合計二〇六個もの骨があり、これらが組み合わされて体を形づくっています。

たとえば頭蓋骨は一つの骨と思われがちですが、一五種類・二三個の骨が結合して、脳や眼、鼻、口を収めて保護しています。眼や鼻の部分を空洞にすることで重い頭部の軽量化も図っています。またタライのような形をした骨盤は、腸や泌尿器、生殖器を下から支える受け皿となっていますが、背骨と連結して上半身と下半身をつなぐ土台になっています。

それぞれの骨は役割によって形状が異なり、大きく分けると長骨（四肢などの長い骨）、短骨（手首などの短い骨）、扁平骨《へんぺい》（肩甲骨などの平らな骨）、不規則形骨（上顎骨《じょうがく》などでっぱりの多い骨）からなっていますが、形として一般的なのは長骨でしょう。長骨は、力学的に折れにくく、無理なく体を支えられる理想的な形状をしています。

骨格はビルの鉄筋にたとえられますが、最大の違いは、人間の骨は生きていることです。血液に養われ、骨膜に神経が分布し、必要な成分を生成して貯蔵もしているのです。

大腿骨《だいたい》のような大きな骨は外がわを骨膜という膜で覆われ、すぐ下には隙間《すきま》なくぎっしりと骨が詰まった硬い緻密《ちみつ》骨、その下に隙間があいたスポンジ状の海綿質で構成され、中心部は骨髄腔《こつずいくう》と呼ばれる空洞になっており、中は血液をつくる元となる骨髄で満たされています。

骨の成分の大部分はカルシウムやリンなどの無機質ですが、約三分の一は有機物でできています。骨も新陳代謝を行っているので、ほかの細胞と同じように酸素や栄養分が必要です。そのため、骨の外がわの骨膜と内部の骨髄から毛細血管が緻密骨や海綿質に張り巡らされ、そこから酸素や栄養分が供給されています。つまり骨にも血管が通っているということです。

新陳代謝を行っているということは、骨も新しくつくり替えられていることを意味します。これは、新しい骨をつくる働きをしている骨芽《こつが》細胞と、古い骨を吸収する破骨《はこつ》細胞が、バランスをとりながら共同作業で行っています。

骨は体の発達に応じて成長しており、子どもの骨の両端には軟骨細胞が集まっています。この細胞が増殖し、骨に変化することで縦方向へと成長していき、身長も伸びていきます。成長が止まると骨端となり、身長も伸びなくなります。また、成長期には骨が伸びるだけではなく、骨膜からつくられる骨芽細胞の働きで骨が太くなります。骨折したときに骨が修復されるのも、骨芽細胞が活発に働いているからなのです。

▼**緻密質の縦断面**　骨の表層部は硬い緻密質でできていますが、大腿骨などの長骨の骨幹では緻密質がとくに分厚くなっています。ここで見えているのはそのような長骨の骨幹の緻密質の縦スライスで、骨細胞（黒色）を含む規則的な骨層板が縦にならんでいます。

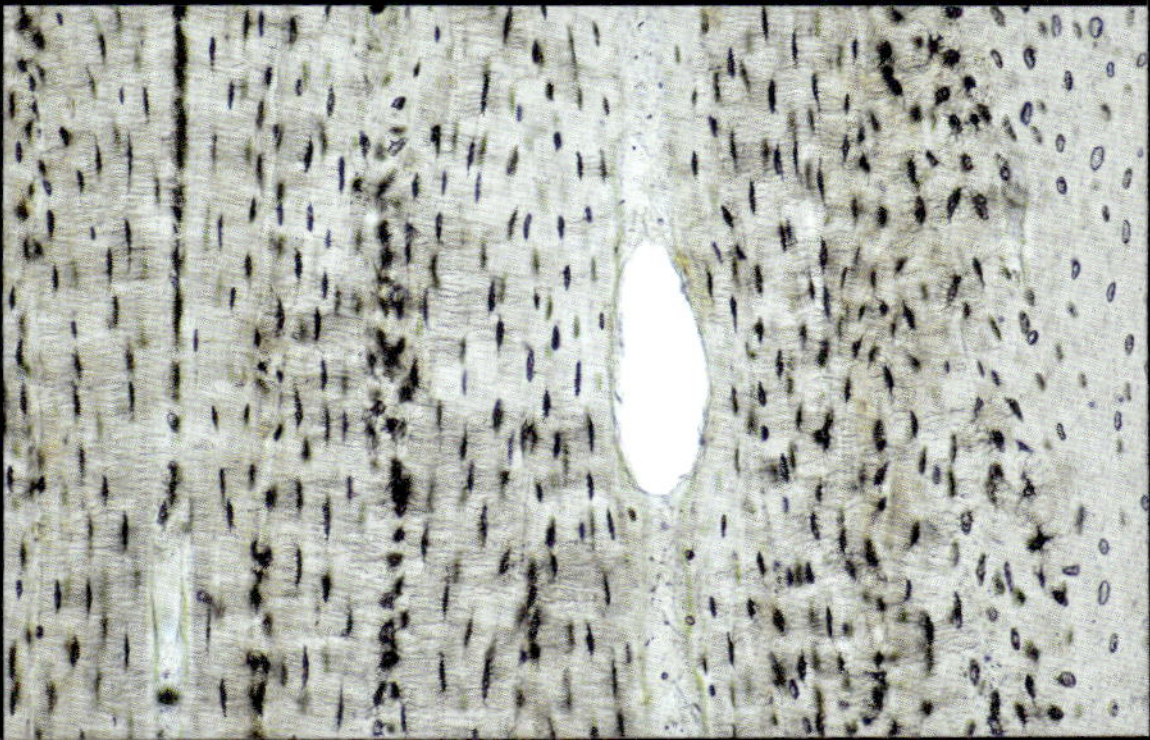

▲緻密質の横断面　緻密質の内部には、血管が通るハバース管を中心に骨層板が同心円状に取り囲んで、円柱状の骨単位をつくっています。骨単位の円柱は骨の長軸方向に伸びています。骨層板の各層の間には小さな隙間があり、そこに骨細胞（黒色）がはまり込んでおり、骨層板の中に細かな突起を伸ばしています。

骨折すると、骨の血管が破れて出血し、血の塊ができて血管をふさいで止血するとともに、折れた骨の隙間を一時的に埋めて応急処置をします。

折れた骨の表面の骨膜では、骨芽細胞が骨折部分にたくさん集まって分裂をはじめます。ある程度まで増殖が進むと、石灰などが沈着して仮骨をつくります。さらに骨芽細胞は、新しく血管や肉芽《にくが》の組織をつくって修復を促し、新しい骨芽細胞の量が増えると、さらに石灰が沈着してより硬くなってきます。すると、今度は破骨細胞の働きが活発になり、仮骨の不必要な部分を吸収して元の骨の形に整えていきます。こうして骨折は修復されていきます。

骨にも再生能力があり、全身の骨組みはどれが欠けても体の機能に支障をきたす大切な存在です。中でも重要なのは、脳と直結する器官が集中している背骨です。

背骨は、脊椎《せきつい》または脊柱《せきちゅう》ともいい、上から頸椎《けいつい》、胸椎《きょうつい》、腰椎《ようつい》、仙骨、尾骨で構成されています。頸椎は頭を支える七個の頸《くび》の骨です。胸椎は一二個あり、左右一二対の肋骨とつながっています。腰椎は五個あり、上体を曲げるときに最も負担のかかる場所です。また、誕生時には仙骨が五個、尾骨が四―五個ありますが、成長するにしたがって融合し、それぞれ一つの骨になります。尾骨は、進化の過程でなくなったシッポの名残ともいわれています。

これら一つ一つの骨の前方部分を椎体《ついたい》といい、椎体と椎体の間には椎間円板《ついかんえんばん》という軟骨が挟まり、クッションの役目を果たしています。椎間円板の中は、ゼラチンのように軟らかい髄核という組織になっており、この周りを線維輪という軟骨が取り囲んでいます。このような構造が、脊椎に加わる力を分散しているのですが、負担がかかると髄核が飛び出して神経を圧迫することがあります。この現象が椎間板ヘルニアです。

こうして二六個の骨が椎間円板を挟みながら交互につながっており、これらがバラバラにならないように関節のつなぎ目を靭帯《じんたい》という組織が固定しています。これだけ細かくついていることで、上体を前後左右に曲げたり、捻《ひね》ったりする動作を可能にしています。もしも背骨が一本の骨だったら、一度寝たら二度と起き上がれなくなります。なぜなら、起き上がるときには腰を捻っているからです。

背骨はまっすぐではなく、重い頭を支えるために前後にゆるやかなカーブを描いています。この湾曲が、歩くときに起こる上下運動の衝撃を吸収するバネの役目をしています。たとえば、ジャンプをして着地したとき、大事な脳に衝撃が響かないように背骨や足でショックを吸収しているわけです。

また、背骨の中には、中枢神経の一部である脊髄も通っているため、これを守る役目も果たしています。

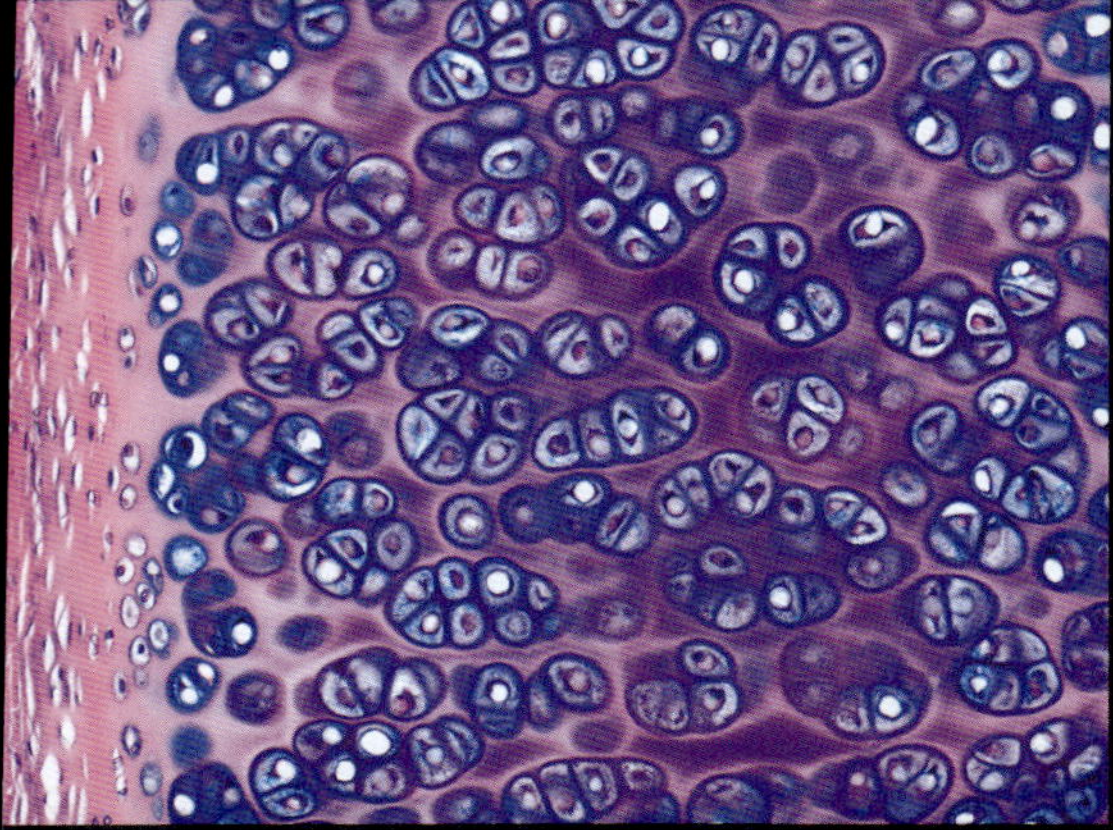

# 軟骨

## ―― 骨同士を衝撃から守る

▲**軟骨**　ここで見えているのは、典型的な軟骨とされる硝子軟骨です。ムコ多糖を含む軟骨基質の中に球形の軟骨細胞（青色）が埋め込まれています。左端は表面の軟骨膜で、小型の未熟な軟骨芽細胞を含み、細胞外基質はコラーゲン線維だけからできています。

▼**弾性軟骨**　外耳や喉頭蓋などの軟骨はとくに弾力があり、弾性軟骨と呼ばれます。この写真は弾性線維で、弾性線維を豊富に含んだ細胞外基質（濃赤紫色）の中に、軟骨細胞（白色の中のピンク色）が埋め込まれています。

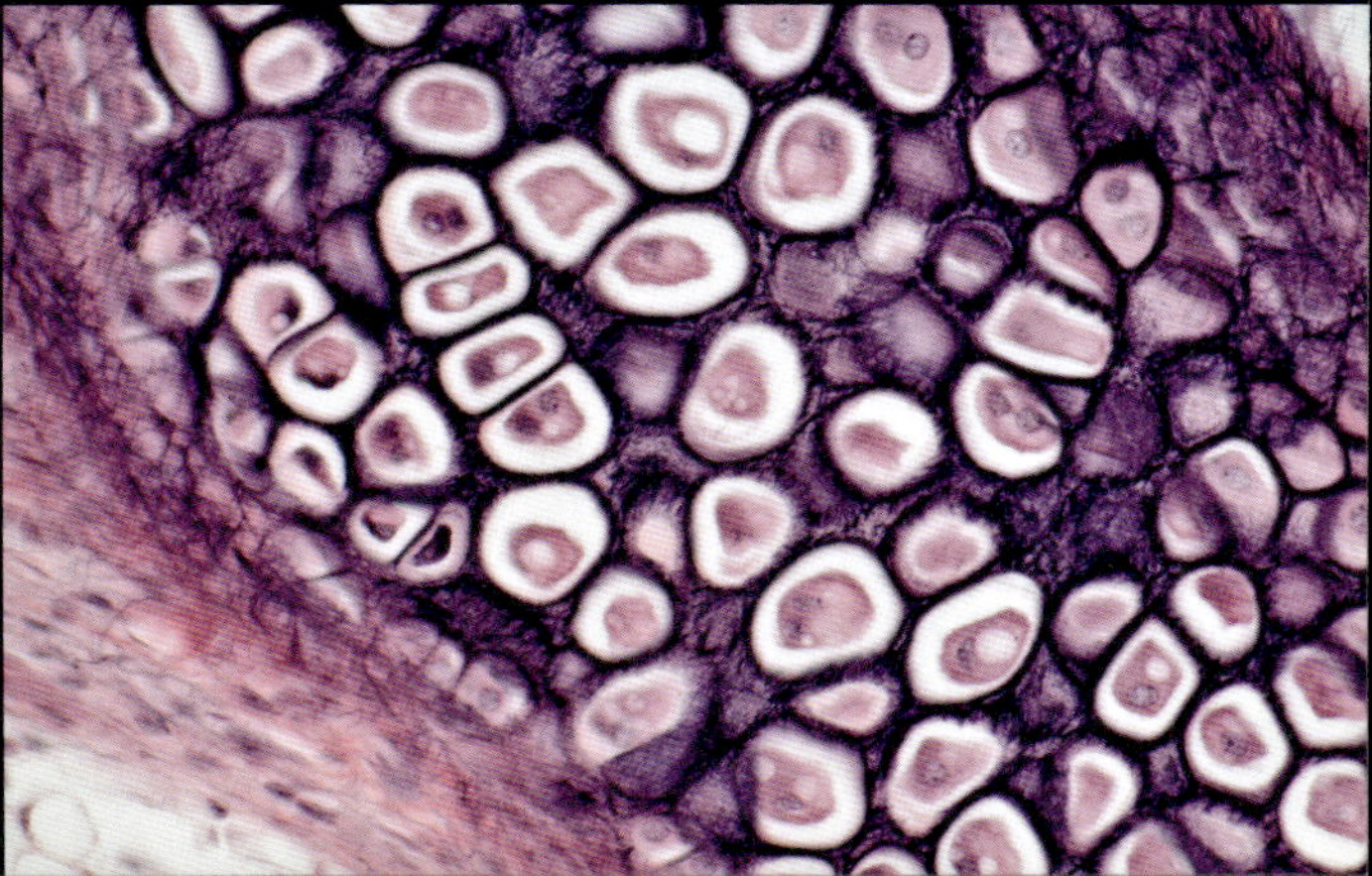

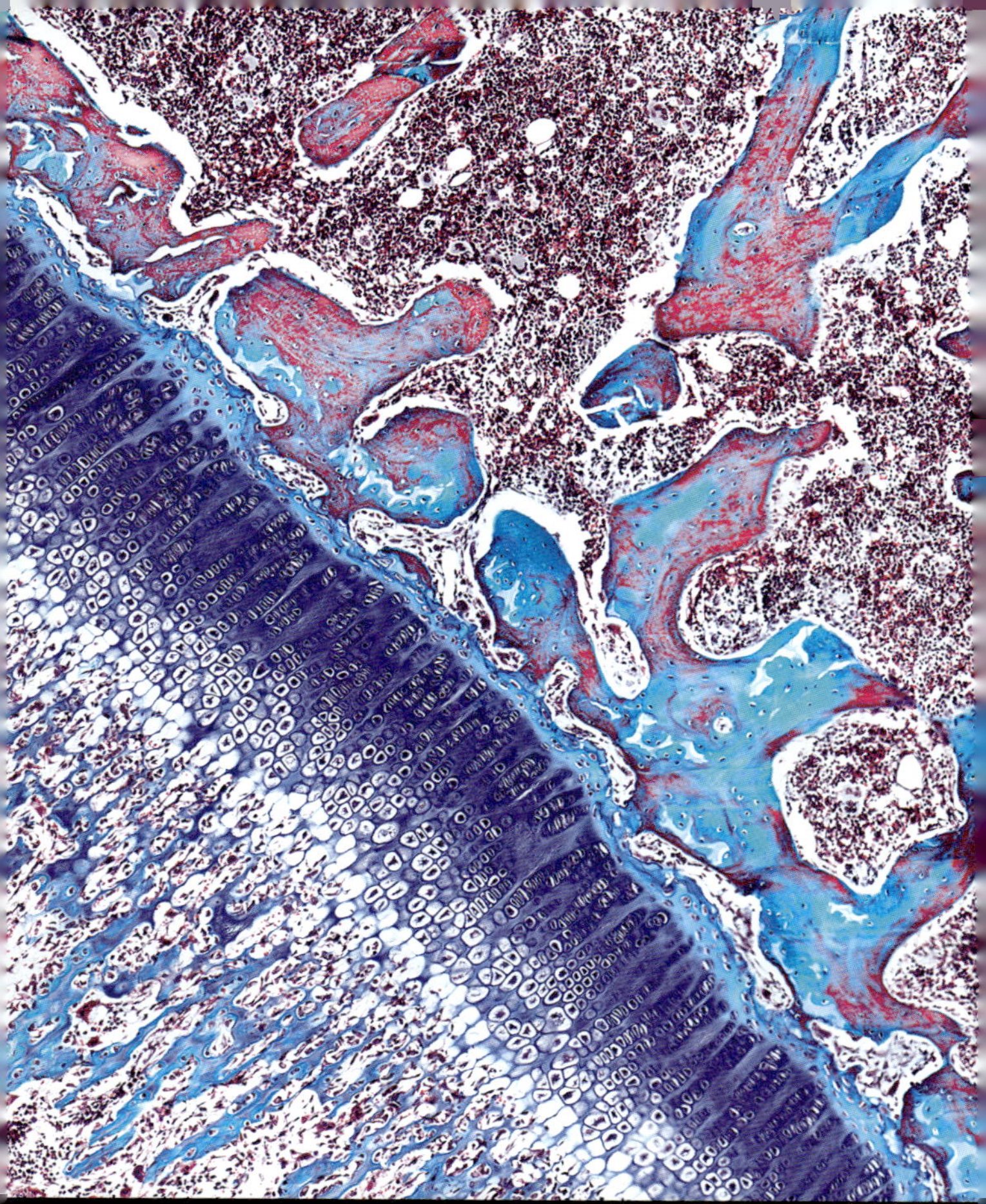

▲骨端板での骨の成長　この写真は成長中の長骨の骨端板で、右上は骨端の海綿質、左下は骨幹になります。骨端板の軟骨（中央の濃青色）のやや左下あたりで軟骨細胞（白い丸と黒い芯）が増殖をしており、さらに左下では軟骨細胞が死んでいます（白い丸）。さらに左下では骨芽細胞によって骨基質（水色）が形成されています。

骨格には、骨以外にも軟骨という素材があります。軟骨は「軟らかい骨」と書くことから、骨と同じもののように思われがちですが、まったく異なる素材でできています。

スーパーで骨つき肉を見るとわかりますが、骨は白くて不透明で、硬さがあるので変形しにくい素材です。これに対して軟骨は透明感があり、硬いですが弾力があるので力を加えると変形します。骨は食べられませんが、焼き鳥では軟骨も食べたりして、コリコリした食感が好まれています。

軟骨は、コラーゲン（タンパク質）のほかにムコ多糖（コンドロイチン硫酸やヒアルロン酸など）を含んだゼリー状の軟骨基質という組織の中に、軟骨細胞が埋め込まれており、曲げたり、圧力にも耐えられる構造をしています。

このような特性から、軟骨は関節を構成する二つの骨の先端について、骨同士がぶつかって傷つけ合うのを防いだり、椎間円板の線維輪を形成して衝撃を和らげるクッションの役目を果たすなど、弾力性を必要とする場所に存在しています。

軟骨はどこの場所も同じと思われていますが、場所によって軟骨基質の成分が異なるため、軟骨の性質も少し違ってきます。大きく分けると、硝子《しょうし》軟骨、弾性軟骨、線維軟骨の三種類があります。

硝子軟骨は、軟骨基質に多くの軟骨細胞を含んでおり、骨端部分を覆う関節や、気管、咽《いん》頭《とう》などに存在している一般的な軟骨です。弾性軟骨は、軟骨基質に多くの弾性線維が含まれているので硝子軟骨よりも弾力性があり、耳や鼻、喉頭蓋《こうとうがい》など、形をつくる場所に存在しています。線維軟骨は、硝子軟骨と密な線維性結合組織との中間で、コラーゲンが多く含まれ、ほかの種類の軟骨よりも丈夫で、椎間板の線維輪や関節の半月板、恥骨結合などに存在しています。

体を構成する多くの組織には血管が通っていて、酸素や栄養分が供給されていますが、軟骨には血管だけではなく神経もリンパ管も通っていません。酸素や栄養分は、軟骨全体を包んでいる軟骨膜から供給されます。そのため、軟骨細胞は細胞質にグリコーゲンや脂質のような栄養物質を大量に貯蔵しています。

ただ、関節の軟骨はちょっと違います。関節を動かすことによって伸びたり縮んだりしますが、その動きによって関節を包んでいる関節包の内面にある滑膜組織から、関節液に栄養分や酸素がしみ込むという方法で酸素や栄養分を得ています。

このような軟骨の性質から、軟骨細胞は成人するとほとんど増殖せず、軟骨が損傷すると再生しないため治らないのです。

# 関節 ― 体の曲げ伸ばしができるわけ

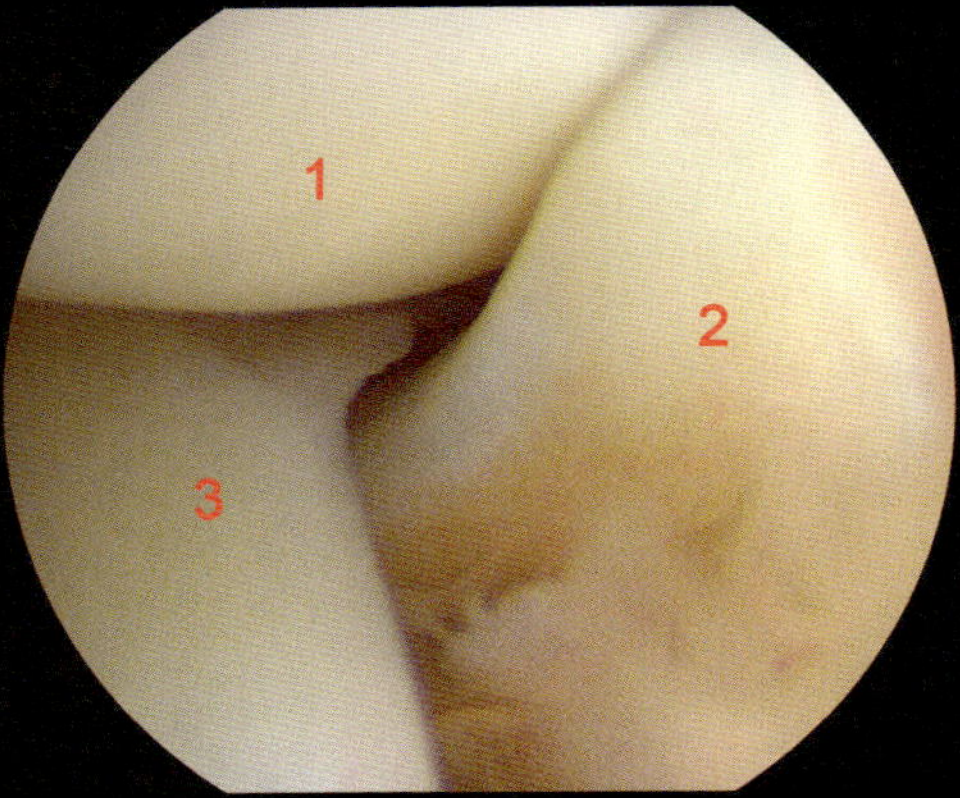


**▲左の膝関節**　左の膝関節を内視鏡で見た写真です。上（1）は大腿骨下端の外側顆、右（2）は膝蓋骨とそこから伸びる膝蓋腱、左（3）は外側半月が見えており、その下に脛骨上端の外側顆が隠れています。膝関節は、大腿骨の下端（外側顆と内側顆）が、脛骨の上端（外側顆と内側顆）に向かい合う関節ですが、間に軟骨性の半月（外側半月と内側半月）がはまり込んでクッションになっています。

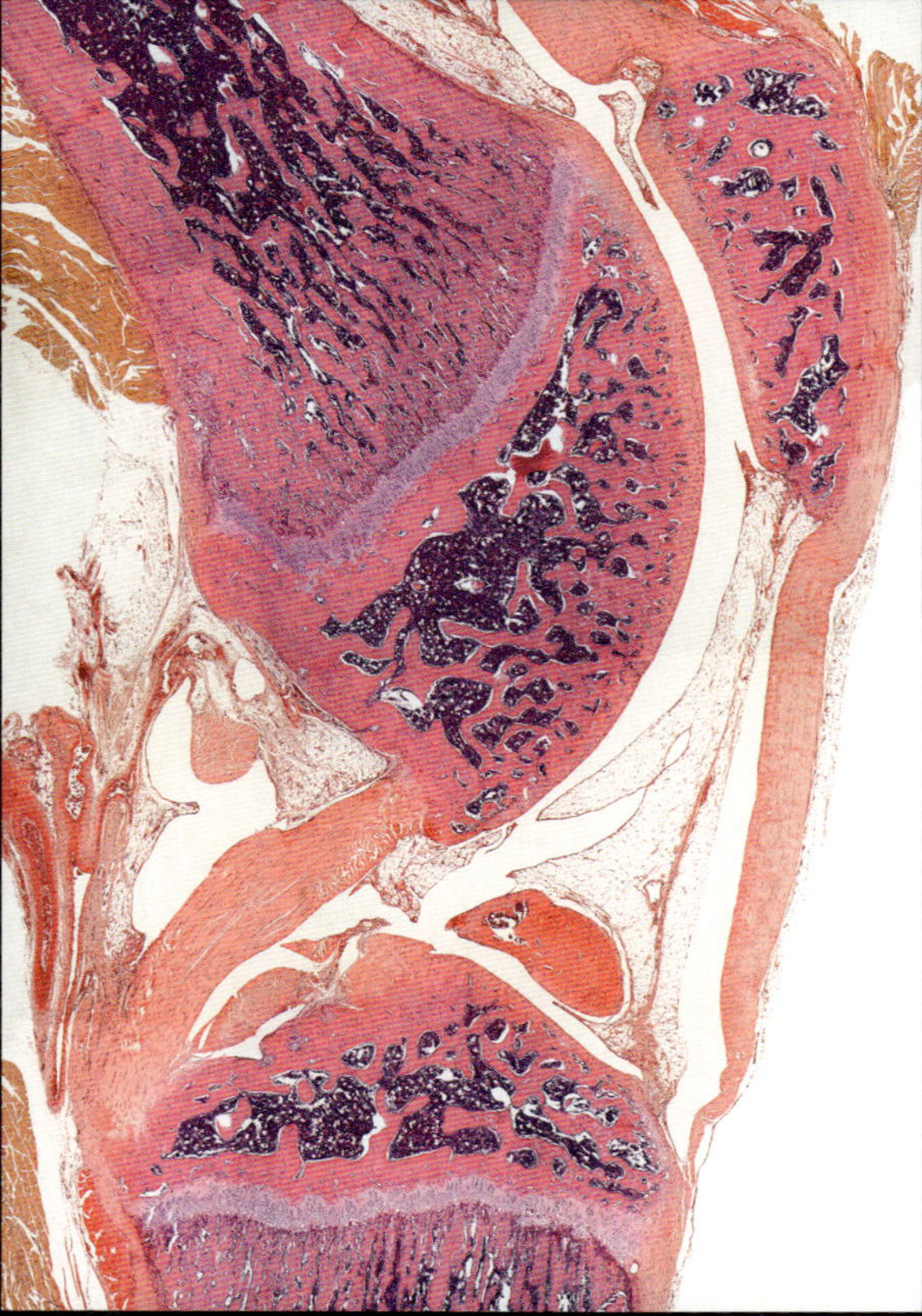

▲膝関節の縦断面　膝関節と周囲の骨を縦切りにしたスライスの顕微鏡写真です。上に大腿骨の下部、その右に膝蓋骨、下に脛骨の上部が見えています。大腿骨と脛骨の間を前・後十字靭帯（赤色）がつないでいます。膝蓋骨から下方に膝蓋靭帯（赤色）が伸びています。大腿骨と脛骨の骨端近くには、軟骨性の骨端板が見えており、骨が成長中であることがわかります。

人体は二〇六個の骨が、パズルのように連結して骨格をなしています。骨同士の連結は、頭蓋骨のように線維性の組織によって埋められているため動かないものと、骨と骨の間に隙間があるためいろいろな方向に自由に動くものがあります。通常、骨と骨の連結部分が動くものを関節と呼んでいます。

関節として働くためには、いくつかの条件が必要です。まず、骨と骨がぴったりくっついていると曲げられないので、間に隙間（関節腔《かんせつくう》）があることです。次に、関節が滑らかに動くようにする潤滑油となる滑液が必要となります。この滑液に骨が浸るようにするには、完全に包んで液を溜《た》めておく袋（関節包）も備えなければなりません。こうして関節腔を完全な閉鎖空間にするわけです。そうなると、滑液はどこから湧《わ》いてくるのでしょう。

関節包の内がわに張りついている滑膜には血管が豊富なため、血液から滑液をつくって分泌しています。しかし、これだけでは骨同士が直接接触し、すり減ってしまいますから骨同士が接触する面に軟骨があるのです。軟骨は、水分をたっぷり含んでおり、圧迫すると中から水分が出てくるので、関節の表面を覆うには最適な素材です。

これらのほかに、骨と骨をしっかりつないで離れないように補強する靭帯という組織も必要です。靭帯は、関節が反対方向に曲がったり、はずれないように外がわを固く止めているコラーゲン線維が集まってできた帯で、多くの場合は関節包と一体になっています。

このような条件を満たして、初めて関節を動かすことができるのです。

関節は、骨と骨が向き合う面の一方が凸で、もう一方が凹になっており、凸と凹ではまるような形をしていますが、その形状は場所によって異なり、これで動く方向が決まってきます。たとえば肩関節や股関節《こかんせつ》は丸いボールと受け皿からなる球関節をしており、グルグル回すなどとあらゆる方向に動かせるようになっています。肘や膝はドアの蝶番《ちょうつがい》のように一方向に動く蝶番関節をしているので、回す動きはできません。ほかにも頸《くび》の最上部にあって軸と軸受けの形をして一方向に動く車軸関節、母指の付け根には馬の鞍《くら》の形が二つ組み合わさった鞍関節《あんかんせつ》があります。手や足の甲には平面関節がありますが、これはほとんど動きません。

また、関節の中では特殊なつくりをしているのが膝関節です。曲げたり伸ばしたりするだけではなく、体重も支えている膝関節にはとくに負担がかかります。そこで、関節の間に半月板という軟骨性のヒサシをつけて荷重を分散させています。さらに、前十字《ぜんじゅうじ》靭帯、後十字《こうじゅうじ》靭帯、内側側副靭帯、外側側副靭帯と四本の靭帯でしっかりと補強し、膝が余分な動きをして傷まないように制限をかけて関節を守っているのです。これによって繰り返し運動を行うことができるようになっています。

# 筋肉

## ――人間はもっと力を出せる

▼**骨格筋の縦断面**　骨格筋では、1つの筋細胞が長い筋線維をつくっています。ここで見えているのは筋細胞の縦切りで、縞模様をつくる筋原線維の間に、ミトコンドリア（大型の茶色）や筋小胞体（狭い茶色）が挟まっています。筋原線維はA帯（ピンク色）とI帯（黄色）の縞模様を繰り返していますが、I帯の中心のZ帯（赤色）の間隔が、サルコメアと呼ばれる収縮の単位になっています。筋原線維をつくる2種類の筋フィラメントのうち、アクチンはI帯に、ミオシンはA帯に集まっています。

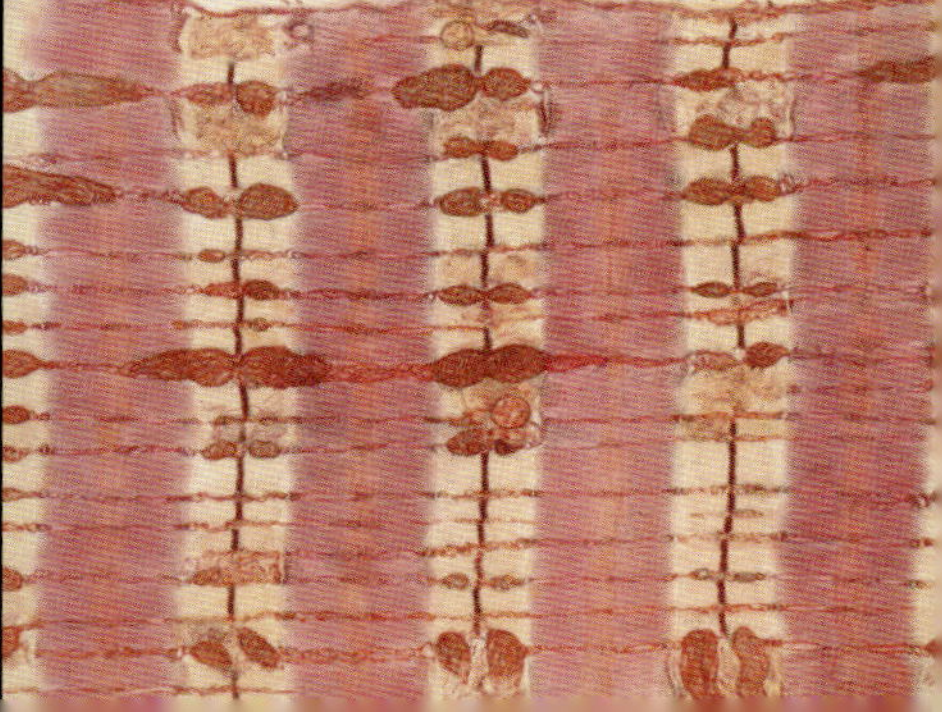

▲腱の断面　腱は筋肉の両端を骨につなぐ丈夫な結合組織の紐で、コラーゲンが密に集まってできています。この写真は腱を凍らして切断し、コラーゲン線維の断面（水

骨と関節だけでは私たちは体を動かせません。体を動かすには原動力が必要で、その役割を担っているのが筋肉です。筋肉がなければ、物をつかんだり歩いたりできないだけでなく、体のさまざまな器官を動かすこともできなくなります。

筋肉には、身体を動かす骨格筋（いわゆる「筋肉」）と、内臓などの壁をつくる平滑筋《へいかつきん》、心臓を動かす心筋の三種類があります。骨格筋は文字通り骨についている筋肉で、縮んだり（収縮）、伸びたり（弛緩《しかん》）することで骨を動かして体の運動を生み出しています。この筋肉は自分の意思で動かせるので随意筋といいます。これに対して平滑筋や心筋は、自分の意思では動かせませんから不随意筋といい、自律神経がコントロールしています。

骨格筋では、筋線維（筋細胞）が集まって小さな束（筋束）をつくり、それがさらに集まって大きな束をつくって一つの筋肉になり、バラバラにならないように筋膜という丈夫な膜に包まれてまとめられています。鶏肉をよく見ると、表面を薄い膜が包んでいますね。人体も同じように、筋肉や内臓を筋膜が包んでいます。

骨格筋の筋線維の内部では、細い筋フィラメント（アクチン）と太い筋フィラメント（ミオシン）が交互に並んで筋原線維をつくっています。この二種類の筋フィラメントの滑走で、筋肉が収縮したり、弛緩したりしています。

骨格筋の両端は骨格につながっています。両端のうちで体の中心に近くて動きの小さい方を起始、中心から遠くてよく動く方を停止といいます。力こぶをつくる上腕二頭筋の場合には、肩甲骨が起始になり、前腕の橈骨《とうこつ》が停止になります。

骨格筋は関節を一つだけ乗り越えるものが多いのですが、二つ乗り越える二関節筋では働きが複雑になります。たとえば大腿《だいたい》の前面の大腿直筋は股関節を曲げて、膝関節を伸ばす働きをします。

一つの関節にはいくつもの筋肉が作用します。おもに働く筋（主働筋）に対して協力する筋肉（協力筋）や邪魔をする筋肉（拮抗筋《きっこうきん》）があり、実際の運動の際にはこれらの筋肉の働きを調節しています。たとえば上腕二頭筋の力で肘を曲げるときに、同じ側にある上腕筋は力を発揮して協力し、反対側にある上腕三頭筋は力を抜いて邪魔をしないようにします。

また、筋肉は力もちですが、ふだんは筋肉を守るための防御本能が働いて力をセーブしているので、半分にも満たない力しか出していません。ところが、火事などの緊急事態にはアドレナリンや副腎皮質《ふくじんひしつ》ホルモンなどが大量に分泌され、興奮と緊張、鎮静作用などによってセーブが解除され、すべての筋肉を使うことができるようになります。これが、火事場の馬鹿力といわれる現象です。

# おわりに

小宇宙の旅を終えて、皆さんはどのようなことを感じたでしょうか？

ふだんは見ることのできない美しいミクロの世界が、自分の体の中の至るところに広がっていることに、驚くとともに感動したことでしょう。また、体には一つとして無駄なものはなく、すべての臓器や組織が必要であり、理由があって存在していることもわかっていただけたと思います。

体のさまざまな臓器やその中のミクロの組織は、生命を守るために大切な働きをしています。普段は気づかれることなく黙々と働いていることを知ると、彼らのことが健気《けなげ》に思えてきます。さらにそれらの臓器や組織が営んでいる生命を守る働きは、精緻《せいち》で巧妙かつ柔軟であり、形としては見えなくても本書の写真が示すミクロの世界と同様に美しいものです。

体のミクロの構造や働きが分かると、生命を支えるさまざまな臓器の役割を深く正しく知ることができます。病気をしたときに医師は体と病気の状態について説明してくれますが、体についてよく知っていると、説明されたことをよりよく理解できて納得して治療が受けられるでしょう。また体調を崩したときに自分でも不具合の理由が推察できるようになります。

体について知ることは、自分の体の健康を守るのにも役立つのです。

現代の医学は高度に発展して、さまざまな病気を診断・治療して人びとを助けてくれますが、膨大かつ難解な知識・情報を扱うので、近寄りがたく思えるかも知れません。しかし人体という小宇宙の形や働きは本当に興味深いものなのです。本書で示した人体のミクロの美しさから、医学を研究するわくわく感がみなさんに少しでも伝われればと願っています。

西洋医学は一九世紀になって変貌《へんぼう》し、科学としての発展を始め、現在の高度に発展した医学を生み出しました。しかし人体を探究する営みは二〇〇〇年以上前から始まっています。二世紀の古代ローマの医師ガレノスは多数の動物を解剖して、詳細な解剖学書を書き残しています。一六世紀のヴェサリウスは自らの解剖所見を元に、芸術的で精緻な解剖図を含む解剖学書『ファブリカ』を著し、ここから人体の探究が最先端の研究分野になりました。そこから人体についての探究を積み重ね、現代の医学では細胞や分子を研究しています。

皆さんもこれをきっかけに、さらに人体への関心を深めていただけると嬉《うれ》しく思います。そして将来、人体の謎の解明に挑戦する人が、一人でも多く現れることを願っております。

平成三〇年二月

坂井建雄

ちくまプリマー新書 297

カラー新書《しんしょ》　世界一美《せかいいちうつく》しい人体《じんたい》の教科書《きょうかしょ》

二〇一八年四月十日　初版第一刷発行

著者　坂井建雄（さかい・たつお）

装幀　クラフト・エヴィング商會

発行者　山野浩一

発行所　株式会社筑摩書房
東京都台東区蔵前二-五-三　〒一一一-八七五五
振替〇〇一六〇-八-四一二三

印刷・製本　株式会社精興社

ISBN978-4-480-68322-9 C0245 Printed in Japan


乱丁・落丁本の場合は、左記宛にご送付ください。
送料小社負担でお取り替えいたします。
ご注文・お問い合わせも左記へお願いします。
〒三三一-八五〇七　さいたま市北区櫛引町二-六〇四
筑摩書房サービスセンター　電話〇四八-六五一-〇〇五三